纺织服装高等教育"十三五"部委级规划教材

非凡手绘系列丛书

（第二版）

时装画手绘表现技法

SHIZHUANGHUA SHOUHUI BIAOXIAN JIFA

郭　琦　修晓偶　李吉品
宋　佳　罗　俊　王　丹　著

东华大学出版社

·上海·

内容简介

这是一本关于时装画技法的入门教程。书中详细讲解了时装画的使用工具、人体比例的绘制技巧、比对人体与着装方法、服装款式图与不同质感服装面料的表现等，通过大量的图片，带步骤配图标注详解，书中设有小贴士，对绘制中易出现的问题一一解答，便于读者轻松掌握。

书内包含了全国多所服装院校优秀学生作品，并通过全方位的表现形式来展示作品，将会成为服装高等学校教师及学生、服装设计专业技术人员及服装爱好者的学习用书。

图书在版编目（CIP）数据

时装画手绘表现技法/郭琦等著. --2版. --上海：
东华大学出版社，2016.1
ISBN 978-7-5669-0867-4

Ⅰ．①时… Ⅱ．①郭… Ⅲ．①时装—绘画技法 Ⅳ.
①TS941.28
中国版本图书馆CIP数据核字(2015)第214562号

责任编辑：马文娟
版式设计：魏依东
封面设计：李 静

时装画手绘表现技法 （第二版）

著： 郭琦 修晓偶 李吉品 宋佳 罗俊 王丹
出 版：东华大学出版社（上海市延安西路1882号，200051）
本社网址：http://www.dhupress.net
天猫旗舰店：http://dhdx.tmall.com
营销中心：021–62193056　62373056　62379558
印 刷：杭州富春电子印务有限公司
开 本：889mm×1194mm　1/16　印张：9.75
字 数：343千字
版 次：2016年1月第2版
印 次：2016年7月第2次印刷
书 号：ISBN 978-7-5669-0867-4/TS·645
定 价：49.80元

前言
Preface

时装画是服装设计师表达设计构思最直接的手段，它以绘画艺术为手段来表现服装造型的款式结构、色彩配置、面料搭配、服饰配件及整体着装的直观效果。

本书结合我国现有的教学特点，从使用工具、行笔方式、人体比例、质感表现等细节处理方面一一详解，在编排时，人体与着装后的效果均安排在一页上，以便读者在使用时能完整地观察到全部绘画过程。书中大量的具有时尚感和创新性的服装设计模板实际操作性较强，可供扫描、临摹、复制。

目录
Contents

时装画手绘表现技法

SHIZHUANGHUA SHOUHUI BIAOXIAN JIFA

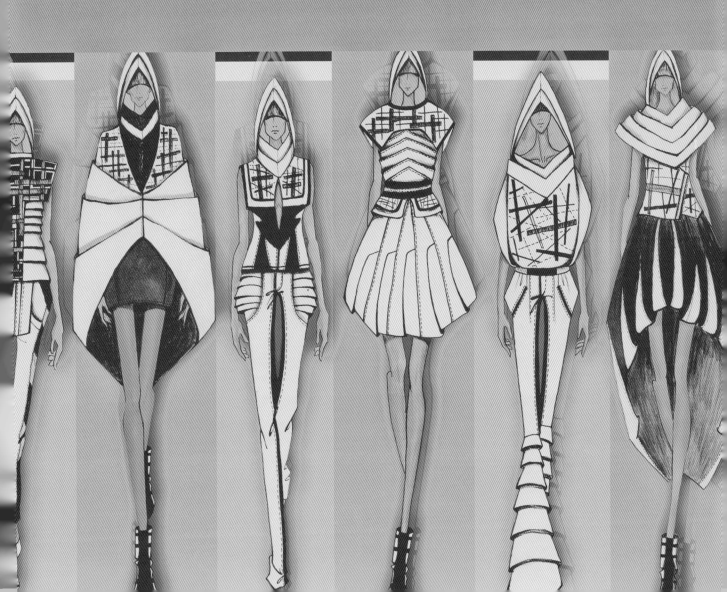

第一章　时装画的分类与绘画工具

第一节　时装画的概念与分类

时装画，也称服装设计效果图，是以绘画作为基本手段，服装作为表现对象，通过丰富的艺术处理方法来体现服装设计的造型和整体气氛的一种艺术形式。时装画是服装设计师表达设计构思、体现设计思维和设计风格的有效手段，是实现设计的科学依据，也是服装设计的重要程序，从事服装设计工作要熟练地掌握时装画的画法。

时装画常见的表现形式包括时装设计草图、时装效果图、服装款式图、时装插图等。

1. 时装设计草图

设计草图需要设计者在短时间内快速概括地记录设计构思，忽略人体细节，抓住时装的特征进行描绘，并不追求画面视觉的完整性。常见的表达方式有采用单线勾勒并结合文字说明、勾线后用马克笔或彩铅简单标示色彩构思等（图 1-1-1）。

图 1-1-1 单线勾勒的时装设计草图（宋佳 绘）

2. 时装效果图

时装画是设计者将预想的服装各部位的比例结构、色彩和款式效果用手绘或电脑形式准确表达，时装效果图是时装画分类中的一种，并不是时装画的全部内涵。常见的时装效果图有装饰风格、写实风格等。装饰风格是按照构思的主题将效果图用各种风格手法适当地变形、夸张、美化处理（图 1-1-2）。写实风格是依据实物服装的颜色及质感效果进行描绘，完成的画面带有照片式的写实效果（图 1-1-3）。

图 1-1-2 夸张人体的装饰风格 (于淼 绘)

图 1-1-3 手绘的写实风格 （吴雪 绘）

3. 服装款式图

服装款式图通常采用单线的表现形式，也有用线条加少量阴影或淡彩绘制等方法，省略对于人体的描绘，需要将时装的轮廓、省道、结构线、明线、面辅料等详细表达，可以配有说明文字（图 1-1-4）。

4. 时装插画

时装插画注重其艺术性及画面的感染力，并不一定要把服装的结构像款式图那样表达，也不完全注重时装的细节，有的时装插画就是一张绘画作品，有较高的艺术欣赏性，一般常为服装品牌、设计师、服装产品、流行预测、橱窗、报刊、招贴、时装画比赛等专门绘制（图 1-1-5）。

图 1-1-4 服装款式图

图 1-1-5 装饰性的时装插画 (黄春岚绘)

第二节 绘画工具种类及特点

1. 纸张的种类及特点

时装画是服装设计师在服装创作中最常用的表现形式。在绘制时装画前，首先要对所需的各种工具有所了解，这样才能根据不同设计选择所需要的工具，从而达到设计师想要的绘制效果。

（1）水粉纸

绘制服装画时常用纸之一。纸质较厚，纸纹较粗，有一定的吸水性，易于颜料附着。

（2）水彩纸

纸纹有粗有细，纸质坚实，耐擦洗，作画时能留存大量水分，呈现出润泽感。

（3）素描纸

纸质有厚有薄，吸水后纸张容易变形，一般适宜画铅笔素描，若画色彩，颜色易显灰暗。

（4）硫酸纸

硫酸纸表面光滑，比较透明，在设计中常用来复制线稿。

（5）宣纸

宣纸纸面平整，既坚韧又柔软，纹理纯净，润墨性强，不蛀不腐。宣纸分生宣、熟宣、半熟宣三种。生宣纸质较薄，吸水性强，适合洇渗效果；熟宣不易吸水；半熟宣吸水性适中，可很好地表现画面效果。

（6）卡纸

常见的有黑卡纸、白卡纸、彩卡纸三种。表面光滑，纸质厚实，吸水能力差，不易上色，易出笔痕，黑色卡纸一般用来装裱。

（7）复印纸

色彩较白，质地较薄，吸水性不强，所以不适合使用水粉、水彩等以水调和的颜料，用于马克笔表现及绘制草图较多。

（8）特种纸

规格种类较多，有不同的颜色和特殊肌理，纸质坚实。

2. 笔的种类及特点

（1）铅笔

是绘画的基础工具，可用于起稿勾线或在单一色调中变现出丰富的黑白灰效果，易于修改，有软硬之分，软质是 B~8B，硬质的是 H~12H，在服装画中，可根据绘制画面的特点选择不同的铅笔（图 1-2-1）。

（2）彩色铅笔

颜色种类繁多，性质作用与铅笔相同。在使用时，采用纸质粗糙的纸张为宜（图 1-2-2）。

（3）炭笔

有炭画笔、炭精条、木炭条之分。炭笔颜色较一般铅笔浓重，笔触粗细变化较大（图 1-2-3）。

（4）水溶铅笔

颜色清透多样，用水可以晕开，效果类似水彩（图 1-2-4）。

图 1-2-1 铅笔

图 1-2-2 彩色铅笔

图 1-2-3 炭笔

图 1-2-4 水溶铅笔

（5）针管笔

常用的笔粗细为 0.1~0.9mm，一般配用黑色墨水，用于勾线及排列线条（图 1-2-5）。

（6）圆珠笔

带有油性，一般在局部面积辅助使用（图 1-2-6）。

（7）马克笔

马克笔颜色多样，但不宜调和，透明感类似水彩（图 1-2-7）。

（8）蜡笔、油画棒

多种颜色，色彩艳丽强烈，笔触较粗糙。可利用其弱亲水性与其他亲水性绘画工具结合使用，会产生特殊的艺术效果（图 1-2-8）。

图 1-2-5 针管笔

图 1-2-6 圆珠笔

图 1-2-7 马克笔

图 1-2-8 蜡笔、油画棒

（9）色粉笔

不透明，覆盖力强，色粉在绘制后易脱落，故在绘制后需喷上适量的定画液或发胶（图1-2-9）。

（10）毛笔

有软硬之分，软质的为羊毛，常用的有白云笔，适用于涂色面；硬质的为狼毫，有红毛、叶筋、花纹、花枝俏等，适用于勾线（图1-2-10）。

（11）水粉笔

按笔头材质分，常见的是羊毛笔和化纤笔；按笔头形状分，有扇形和扁平型（图1-2-11）。

（12）水彩笔

颜色种类多样，笔头分有圆形和扁平型（图1-2-12）。

（13）排刷

有大、中、小号之分，常用软质排刷来涂大面积的背景色或裱画刷水（图1-2-13）。

图1-2-9 色粉笔

图1-2-10 毛笔

图1-2-11 水粉笔

图1-2-12 水彩笔

图1-2-13 排刷

3. 颜料种类及特点

（1）水粉

亦称为广告色、宣传色（图 1-2-14，图 1-2-15）。水粉的覆盖力强，易于修改。在使用水粉时要注意变色问题，干后色彩变化大，一般在潮湿时深而鲜艳，完全干透后变淡，因此需要通过大量的练习来掌握其特性。

（2）水彩

水彩颜料色粒很细，与水溶解晶莹透明，覆盖力较弱，长期保存不易变色（图 1-2-16，图 1-2-17）。

（3）丙烯颜料

色泽鲜艳，附着力大，干燥快，有抗水性。丙烯颜料可用水稀释，利于清洗、速干、着色层干后失去可溶性、持久性强（图 1-2-18，图 1-2-19）。

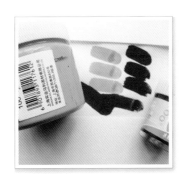

图 1-2-14 水粉颜料

图 1-2-15 水粉颜料

图 1-2-16 水彩颜料

图 1-2-17 水彩颜料

图 1-2-18 丙烯颜料

图 1-2-19 丙烯颜料

（4）国画颜料

是绘制中国画的专用颜料（图1-2-20）。分为矿物颜料、植物颜料和化工颜料三类。矿物颜料不易褪色、色彩艳丽；植物颜料主要从花卉植物中提取，色彩稳定性能低于矿物颜料；化工颜料为现代化工合成颜料，使用方便。

4. 其他辅助工具

在绘制时装画时，除前面介绍的工具外，还有一些辅助工具也很重要。

（1）橡皮

分软、硬两种，在绘制时装画时选择便于擦涂、不损伤纸面的软质橡皮（图1-2-21）。

（2）尺子

直尺和曲线板是常用工具，用于边框的绘制及绘制人体比例图时度量（图1-2-22）。

（3）笔洗

用来盛水洗笔的器皿，常用瓶、罐、小桶等（图1-2-23）。

（4）调色盒

调色、存放颜料的塑料盒子。色格以多、深为好，在使用时需配备一块湿润的海绵或毛巾布，防止颜料干裂（图1-2-24）。

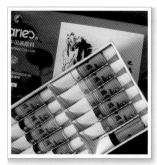

图1-2-20 国画颜料

图1-2-21 橡皮

图1-2-22 各种规格尺子

图1-2-23 笔洗

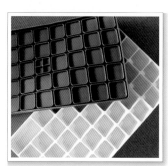

图1-2-24 调色盒

（5）画板

用来垫画纸的平板，通常为木质板，时装画常用中小号画板（图 1-2-26）。

（6）刀子

削铅笔、裁纸用（图 1-2-27）。

（7）喷笔

由气泵和喷枪组成，可均匀地喷涂涂料，大面积喷色不会产生色差，表现无笔触、雾状效果（图 1-2-28）。

（8）牙刷

可做喷笔的廉价代替品（图 1-2-29）。

（9）固定纸张工具

胶水、双面胶带、胶带、夹子、图钉（图 1-2-30~ 图 1-2-32）。

图 1-2-26 画板

图 1-2-27 裁纸刀

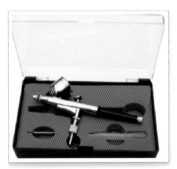

图 1-2-28 喷笔

图 1-2-29 牙刷

图 1-2-30 胶水、双面胶带、透明胶带

图 1-2-31 夹子

图 1-2-32 图钉

15

第二章　人体结构

第一节　人体局部表现要点

1. 头部的表现

头部的整体轮廓为鸡蛋型，长宽比例为 3:2，正面平行透视时，五官的位置可以用"三庭五眼"法来划分：从发际线到眉间连线；眉间到鼻翼下缘；鼻翼下缘到下巴尖，上中下恰好各 1/3，谓之"三庭"。而"五眼"是指眼角外侧到同侧发际边缘，刚好一个眼睛的长度，两个眼睛之间，也是一个眼睛的长度，另一侧到发际边是一个眼睛长度（图2-1-1）。

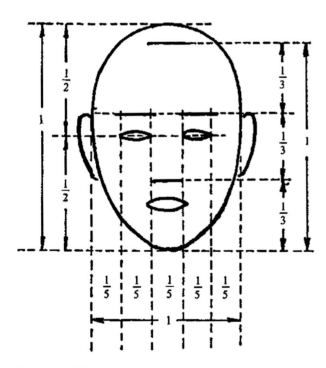

图 2-1-1 头部的基本比例

（1）眼睛

在眼睛的表现中，神情表达是最重要的。眼睑的开、合、垂、扬，眉间的细微变化、高光及眼球转动的位置都是传神的重点所在。

刻画眼睛，不能局限于眼睛本身，还应当包括眼部周围的形体表现。由于眉弓的穿插，使转折的边缘产生了多变的块面，其间还有浓淡变化的眉毛，更使变化显得模糊和微妙，这一部分的表现，直接影响到眼部的刻画（图 2-1-2）。

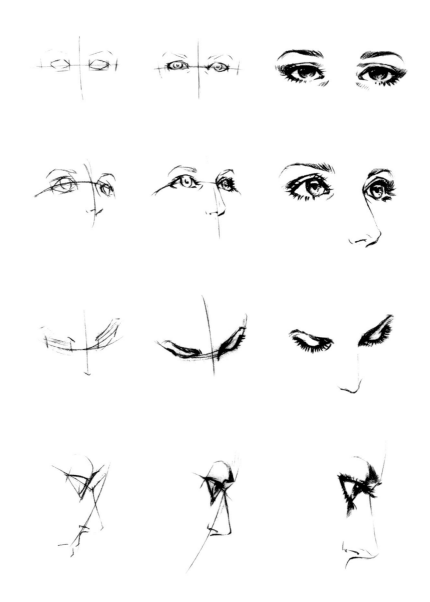

图 2-1-2 眼部刻画

（2）嘴

嘴是脸部运动范围最大、最富有表情变化的部位。嘴依附于上下颌骨及牙齿构成的半圆柱体内，形体呈圆弧状，由上下口唇、口线、人中和颏唇沟构成。

上下口唇分别是两个相对的 W 型，上口唇比较长，唇线比较分明，突出于下口唇，中央有一个上唇结节唇线将上口唇一分为二，人中位于上唇结节线的上部（图 2-1-3）。

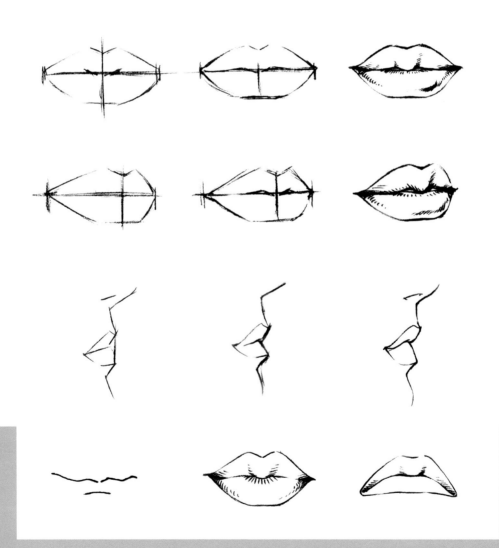

图 2-1-3 嘴部刻画

小贴士
张嘴时虽然能看见牙齿，但并不需要将它们一一画出，一笔带过即可。

（3）鼻子

　　鼻子位于人五官的中轴线上，是面部最突出的部位。鼻子由三个部分组成：鼻骨和软骨组成的鼻梁；椭圆形鼻球部和它下面的鼻中隔；两个向外下方倾斜的鼻翼和中空的鼻孔。鼻子常以省略的画法体现：正面可以省略鼻骨，只画鼻翼、鼻孔或只画鼻孔，也可以只画眉毛和鼻骨连成一线（图 2-1-4）。

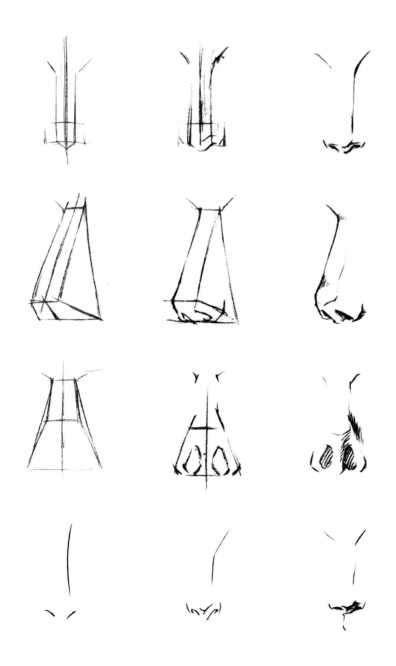

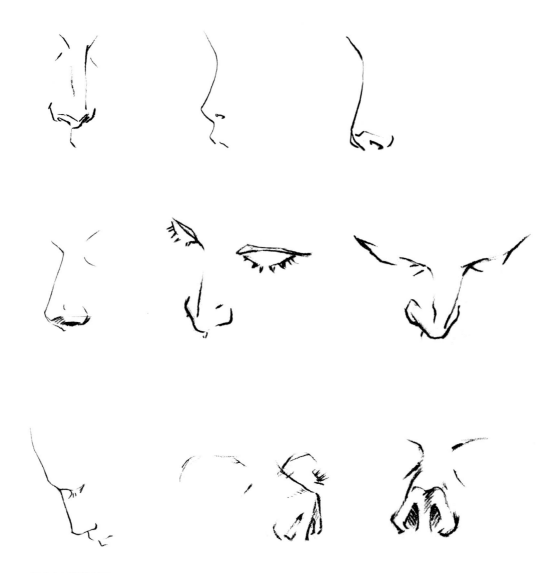

图 2-1-4 鼻部刻画

（4）头部

头部和脸部是时装画中的一个重要组成部分。脸的形状、发型和五官的表现风格会直接影响时装画的整体风格，头部可分为脸型、五官和发型三部分（图 2-1-5）。

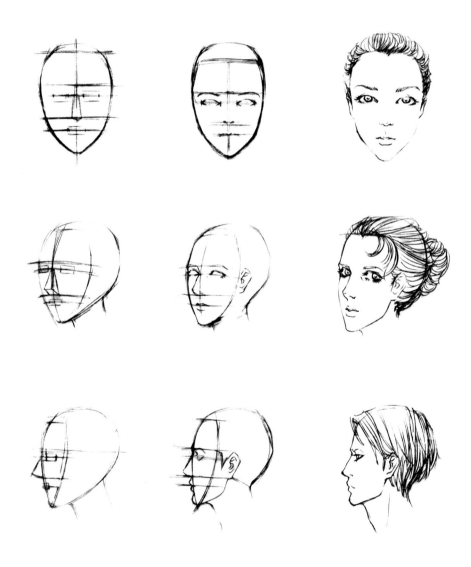

图 2-1-5 头部刻画

2. 手的表现

手由手指、手掌及手腕三部分组成。刻画时可以用省略或夸张的手法表现，一般先勾勒出结构轮廓，之后再进一步描绘和细致刻画。臂部由上臂、下臂和肘部构成。在画手臂时要注意各部位的比例关系，在肘部弯曲时尤为重要。由于性别的差异，男、女手部与臂部皆有不同。在刻画女性手和手臂时，要注意线条的柔和，纤细修长；男性则要表现的粗壮硬朗，刚劲有力些（图 2-1-6）。

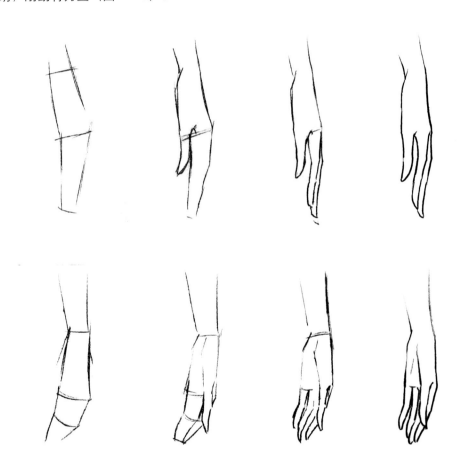

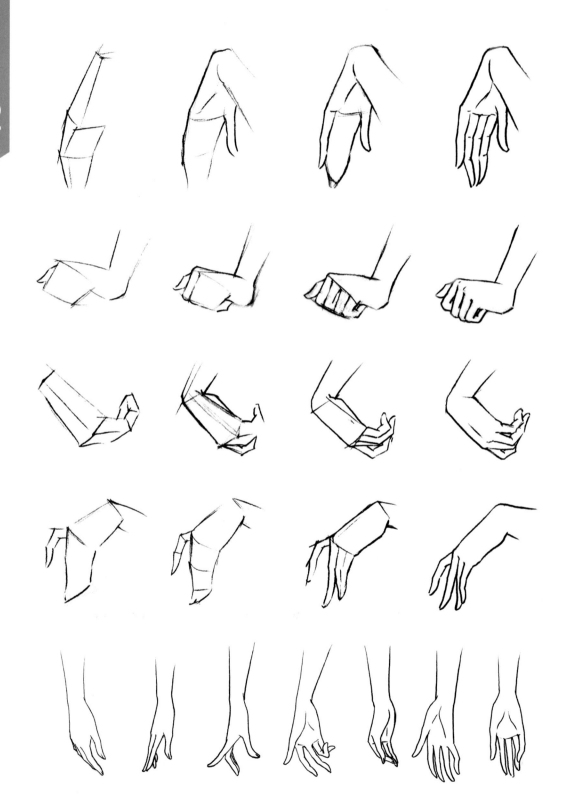

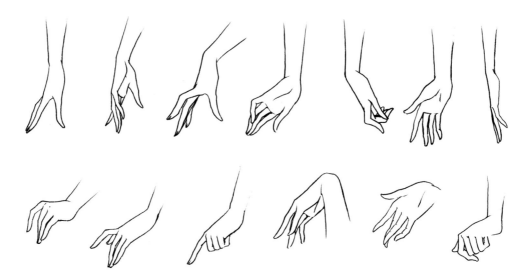

图 2-1-6 手部刻画

3. 足与鞋的表现

在画服装画时，脚部的表现常是以鞋的造型结构来体现，在画脚时要注意外轮廓与透视的变化（图 2-1-7）。

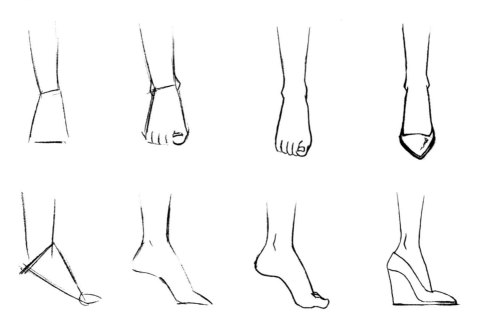

图 2-1-7 足部刻画

第二节 男、女人体比例

1. 各年龄段身体比例

（1）人体的骨骼

人体是由骨骼和肌肉组成，骨骼是人体的支架，肌肉依附于骨骼。人体共有 206 块骨头，其中有颅骨 29 块、躯干骨 51 块、四肢骨 126 块。

头骨决定着头部的基本形体，因为头部肌肉很薄，在描绘头部之前，应先了解和掌握头部的骨骼结构。

躯干骨由脊柱、胸廓和骨盆三部分组成。躯干是人体结构最大的基础体块，它由脊椎连接胸廓和骨盆构成躯干形体。它的外形特征明显的反映着男女性别差异，因此研究躯干的内部结构和外形关系，对画好男女两性人体及服装、设计、制图具有重要的作用。

画人体要知道骨骼的外形对服装的影响，特别是与服装结构密切相关的部位，如头骨、锁骨、骨盆、腕骨、趾骨、髌骨等（图 2-2-1～图 2-2-2）。

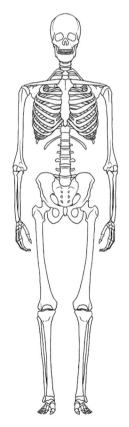
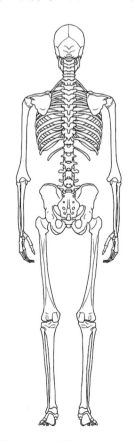

> **小贴士**
>
> 时装人体应抓住人体部位的基本特征，探索线条的穿插规律，用带有粗细变化的线条描绘。

图 2-2-1 人体骨骼结构图（正面）　　图 2-2-2 人体骨骼结构图（反面）

（2）不同年龄段的人体比例

不同年龄段的人体比例不尽相同，刚出生的人头部相对较大，但是随着年龄的增长，身高、四肢、肌肉、手足都会发生不同程度的变化。不同性别的人在孩童时代身体结构比例近似，但到发育期时便呈现出很大的不同。女性的胸部会发育，身体的整体感觉变的圆润。而男性则在四肢及肌肉上变得更为发达、粗壮（图 2-2-3，图 2-2-4）。

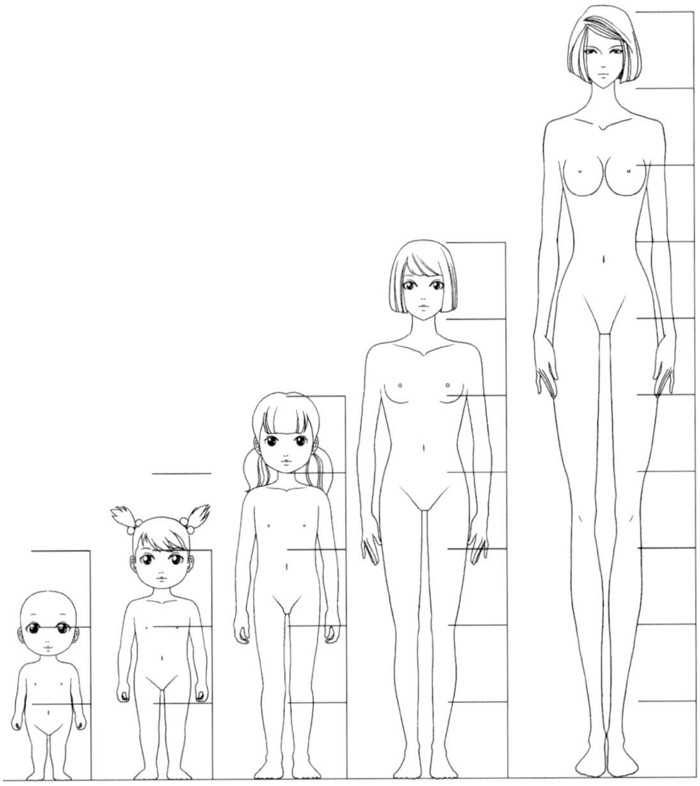

图 2-2-3 不同年龄段的人体比例（女）

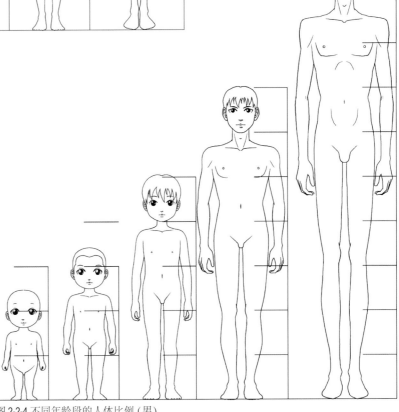

图 2-2-4 不同年龄段的人体比例（男）

29

　　根据普通的体重和身高尺寸，真人的体型站立时大概 6.5~7 个头长。服装画中的人体有别于写实的人体，它是在写实人体的基础上经过夸张、提炼和升华得到更长一些的人体。服装画中人体为几个头长完全是根据服装的风格特点和时代的流行特征来决定。把正常人体体型和服装画人体体型进行对比，可以很清楚地看到服装画人体相较于正常人体中夸张和保持不变的部分（图 2-2-5，图 2-2-6）。

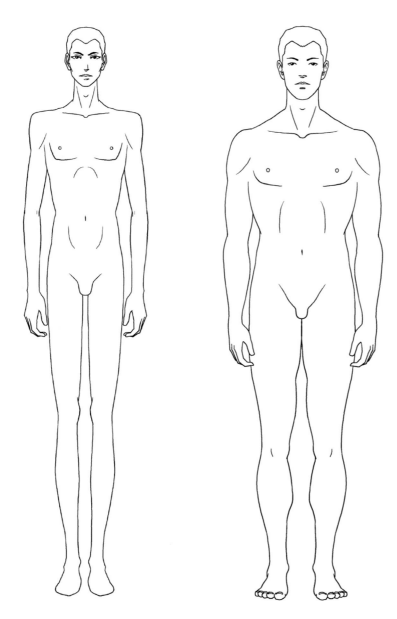

图 2-2-5 服装画中人体与正常人体对比（男）

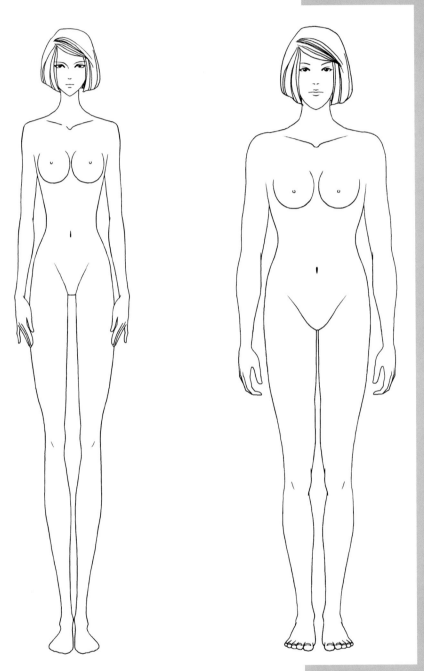

图 2-2-6 服装画中人体与正常人体对比（女）

小贴士 ▶

服装画人体整体上是夸张、唯美的人体表现，以表现出
人体的完美曲线，更好地展示服装设计的表达效果。

2. 人体直立·正面

从头顶到脚后跟分别标记 0 ~ 10 个数字，图例中未标整数字来表示各部位的位置。当胳膊自然下垂时，女性指尖在第 5 格线附近，男性稍长些；肘在第 3 格线处；乳头在第 2 格线的下方；腰在第 3 格线稍微偏下的位置；臀的底部在第 4 格线的位置；腿部是夸张的重点，占据了 5 个头长左右；膝盖骨在第 7 格线往上一点的位置；脚踝在第 9.5 格处；正面的肩宽男性为 2 个头长，女性肩宽 1.5 个头长左右，肩部可以宽、平，也可以狭而溜，视个人喜好和流行情况而定。

（1）女性 10 头长人体正面步骤示意图（图 2-2-7 ~图 2-2-13）

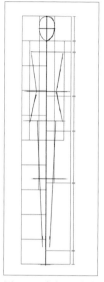
图 2-2-7 确定 10 个头长的比例，按照前面讲的人体标准，安排头、肩和腰部，然后把上半身概括成正反两个梯形

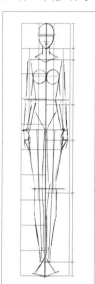
图 2-2-8 画出手臂和腿的轮廓，注意手肘与腰线水平，手腕与下档水平

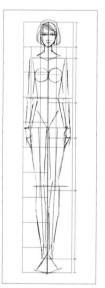
图 2-2-9 绘制头发和五官

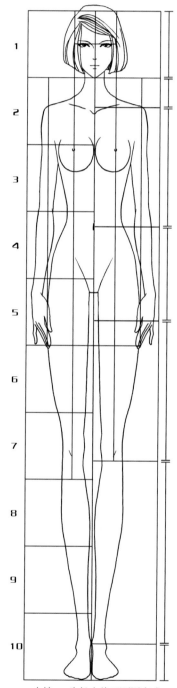

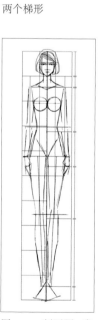
图 2-2-10 刻画颈、肩、胸、腰、臀部细节

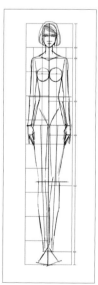
图 2-2-11 手臂和手的细节勾画，线条要流畅优美

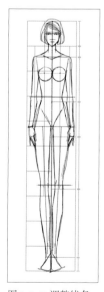
图 2-2-12 调整线条

图 2-2-13 女性 10 头长人体正面图完成

小贴士
在静止站立时垂直贯穿人体的中心线称为重心线。

（2）男性 10 头长人体正面步骤示意图（图 2-2-14～图 2-2-19）

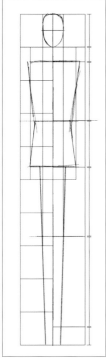

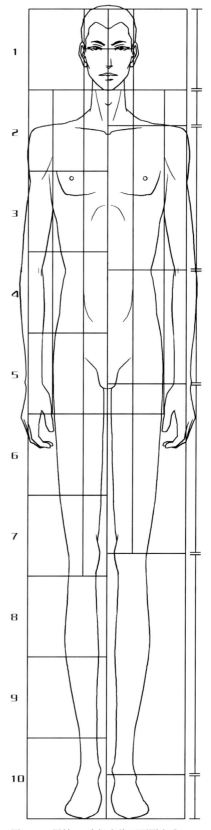

图 2-2-14 确定 10 个头长比例，画出胸廓和臀部大体轮廓形，连接腰和臀的腰线，概括表现整体胸腰体态

图 2-2-15 确定手臂的位置，并根据人体的中心线，画出腿的位置和主要线条

图 2-2-16 详细画出头部五官的形态和上半身胸部肌肉

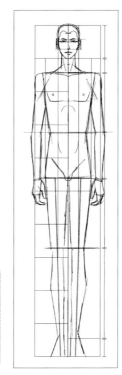
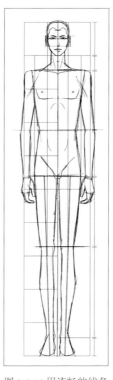

小贴士

男性的整体廓形比较粗壮，在表现时为了避免线条呆板，必须适当强调肌肉的线条，突出性别的差异。

图 2-2-17 画出手臂和手的细节

图 2-2-18 用流畅的线条画出腿部

图 2-2-19 男性 10 头长人体正面图完成

（3）其他姿态

依托上面绘制的女性 10 头长人体正面图，可把图按透视进行移位，快速获得正面其他角度的姿态（图 2-2-20～图 2-2-25）。

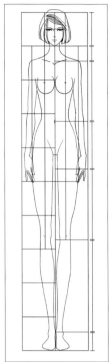

图 2-2-20 上半身比例变化不大，画出腰线以上部分和右面自然下垂的手臂

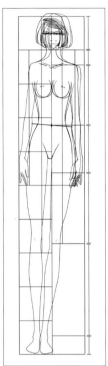

图 2-2-21 在腰线和前中心线交汇处把支撑腿一侧的腰线倾斜抬高，腰线左高右低，按透视画出臀部关系

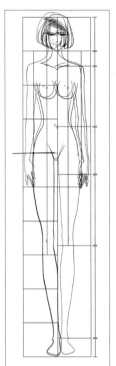

图 2-2-22 画支撑腿时往身体里侧靠些，会取得良好的视觉效果

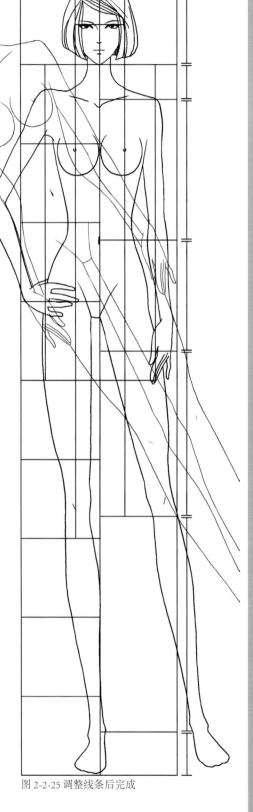

图 2-2-25 调整线条后完成

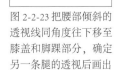

小贴士 ▶

画手臂时要根据身体的动态来变化。

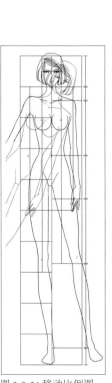

图 2-2-23 把腰部倾斜的透视线同角度往下移至膝盖和脚踝部分，确定另一条腿的透视后画出

图 2-2-24 移动比例图，画出左面手臂

按男性10头长人体正面图移位出来的姿态变化（图2-2-26～图2-2-30）。

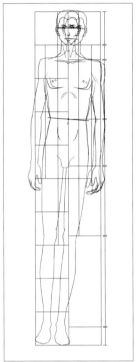

图2-2-26 按前面所讲透视画出腰线以上部分和右面手臂，在腰线和前中心线交汇处把支撑腿一侧的腰线倾斜抬高，腰线左高右低

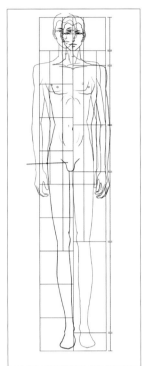

图2-2-27 画出支撑腿，与上半身相连

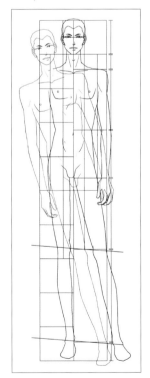

图2-2-28 把腰部倾斜透视线平行向下移至膝盖和脚踝部分，确定另一条腿的透视后画出

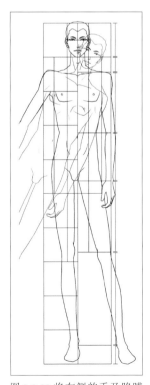

图2-2-29 将左侧的手及胳膊描绘完成，注意手的透视

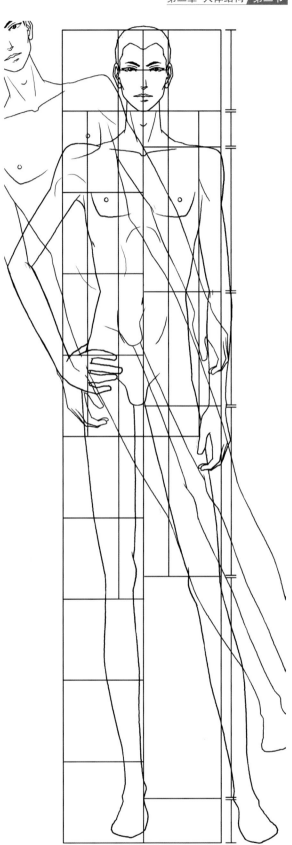

图2-2-30 调整线条后完成

小贴士 ▶

表现服装人物时应注意：头部宁小勿大，上身宁短勿长，下身宁长勿短。

3. 人体直立·侧面

在描绘侧面人体时，人体转动时身体的角度发生了变化，身体部位的外形线条，特别是女性的胸部、腰部和肩部线条都将发生变化，可借助前、后中心线和动态线来帮助理解人体的转折和扭动关系。

（1）正侧面女性步骤示意图（图 2-2-31 ～图 2-2-36）

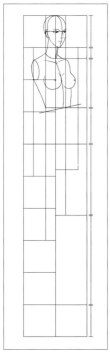
图 2-2-31 观察透视关系，腰线左低右高，画出上半身

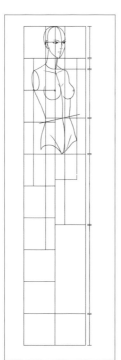
图 2-2-32 按透视画出臀部关系

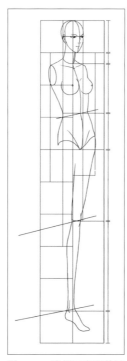
图 2-2-33 膝盖及脚踝的透视角度与腰线相同，支撑腿勾线

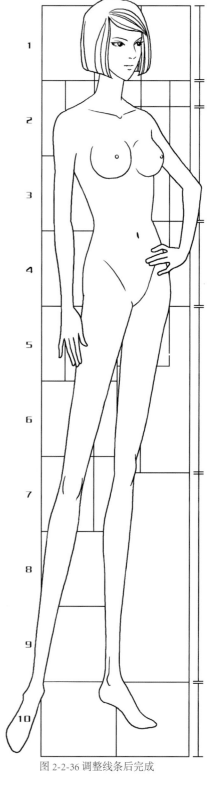
图 2-2-36 调整线条后完成

小贴士

时装人体的刻画不像绘画人体的刻画那么细致，只需画准外形和主要部位的特征即可。

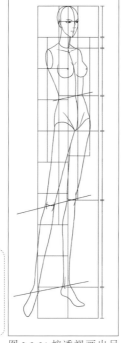
图 2-2-34 按透视画出另一条腿

图 2-2-35 完成手及胳膊的描绘

（2）正侧面男性步骤示意图（图 2-2-37 ～图 2-2-42）

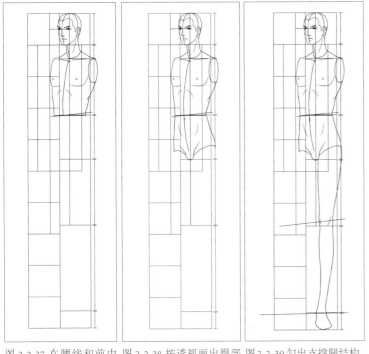

图 2-2-37 在腰线和前中心线交汇处把支撑腿一侧的腰线倾斜抬高，然后找脸部的透视线，以前中心线为中心，支撑腿一侧的脸部和身体占的面积较大

图 2-2-38 按透视画出臀部关系

图 2-2-39 勾出支撑腿结构，与上半身相连

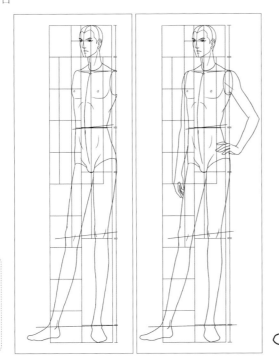

> **小贴士▶**
> 在画局部时要考虑局部与整体的协调性，四肢与躯干的比例要正确，重心要稳定。

图 2-2-40 把腰部倾斜的透视线同角度往下移至膝盖部，确定另一条腿的透视后勾线

图 2-2-41 完成手及胳膊的描绘

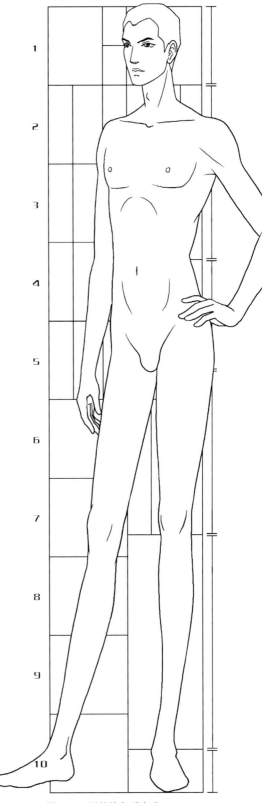

图 2-2-42 调整线条后完成

（3）侧面女性步骤示意图（图 2-2-43～图 2-2-48）

绘制侧面人体时，首先要确定人体的重心线和背部线条，使人体在画面上站稳，再观察人体侧面的动态、比例。要仔细观察和体会人体侧面的扭转、倾斜、弯曲程度，特别是女性胸、腰、臀的侧面曲线，以及脖子的扭转、腿的支撑、手臂的平衡。

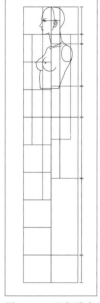

图 2-2-43 观察脸部及颈部透视关系，画出侧面头及五官。腰线水平、胸部处理很关键

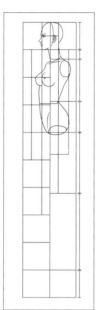

图 2-2-44 按透视画出臀部曲线，注意背面的衔接

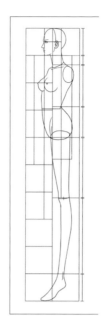

图 2-2-45 先画近处的腿，线条要圆润流畅

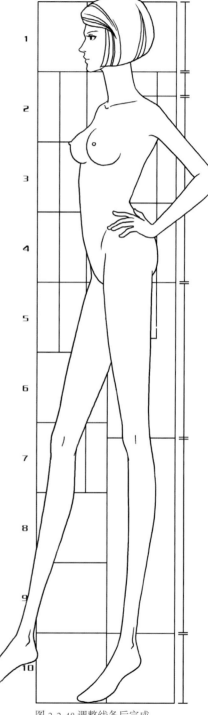

图 2-2-48 调整线条后完成

小贴士▶
用笔的轻重、缓急、顿挫等各种笔触的变化能让线条有灵动感。

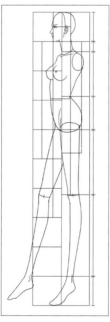

图 2-2-46 按透视规律画出另一条腿，与上半身连接处有微妙的回转关系

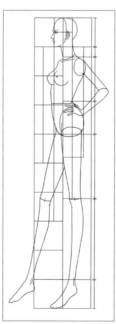

图 2-2-47 胳膊及手勾线，腰部手的透视要画准确

（4）侧面男性步骤示意图（图 2-2-49 ～图 2-2-54）

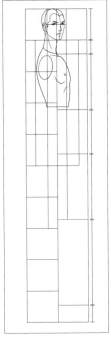

图 2-2-49 观察脸部及颈部透视关系，画出头部细节。腰线水平，画出腰线以上部分

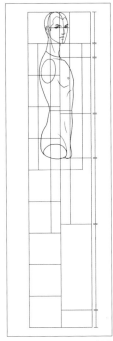

图 2-2-50 按透视画出臀部曲线

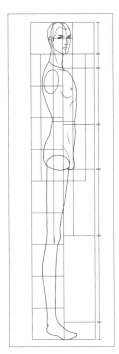

图 2-2-51 先画近处的腿，腿与臀勾线处要注意衔接

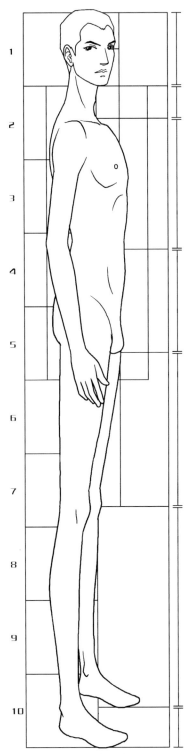

小贴士▶

肩宽、腰宽、臀宽是画时装画最为重要的位置。

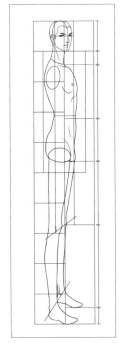

图 2-2-52 膝盖的透视线倾斜角度比较大，按透视规律画出另一条腿

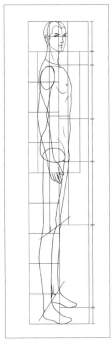

图 2-2-53 侧面角度只能看见一只手臂，手臂和胳膊线条要稍微粗壮些

图 2-2-54 调整线条后完成

4. 人体直立·背面

背面人体轮廓与正面相同，要注意对脖颈部、肩胛骨、臀部、脚后跟在正面看不到的部位进行细致的描绘。绘制背面人体时，先画一条垂直中轴线，定出中心点。将垂直线分成 10 个头长，然后交待出外轮廓，利用头身比例，确定胸、腰、臀、膝盖的位置。

（1）背面女性步骤示意图（图 2-2-55～图 2-2-61）

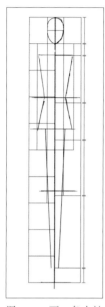

图 2-2-55 画一条中轴线，以轴线为中心，左右对称定出身体廓形

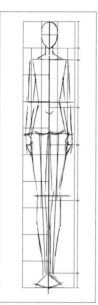

图 2-2-56 画出手臂和腿的轮廓，注意手肘与腰线水平，手腕与臀部水平

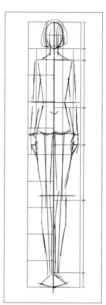

图 2-2-57 脑后部勾线，注意头和颈部的衔接，头发的线条要清晰有序

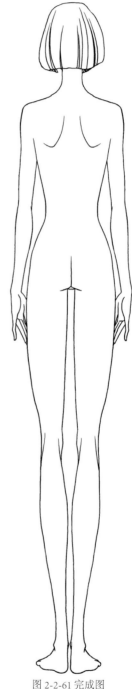

图 2-2-61 完成图

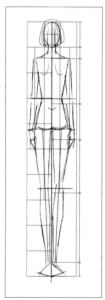

图 2-2-58 刻画后背和臀部的细节

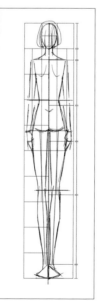

图 2-2-59 对腿及脚勾线，线条要虚实结合，紧实有力

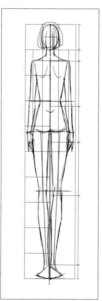

图 2-2-60 去除辅助线，调整线条

小贴士

画背面时，膝盖与小腿位置连接线条是绘制要点。

（2）背面男性步骤示意图（图 2-2-62 ～图 2-2-68）

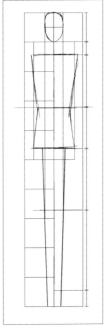

图 2-2-62 画一条垂直中轴线，以轴线为中心，把上半身概括成正反两个梯形，对称画出头、肩和腰部

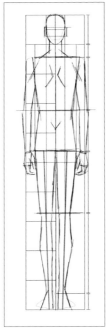

图 2-2-63 画出手臂和腿的轮廓，注意手肘与腰线水平，手腕与臀部水平

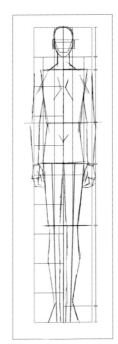

图 2-2-64 脑后部勾线，注意头和颈部的衔接

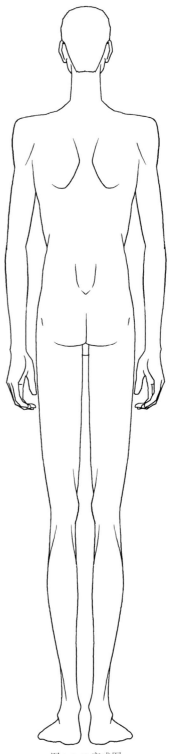

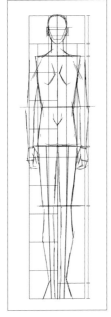

图 2-2-65 刻画后背和臀部细节

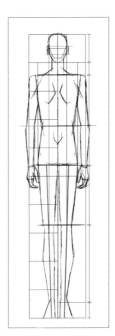

图 2-2-66 手臂和手的勾画，线条要粗壮有力

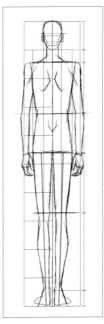

图 2-2-67 去除辅助线，调整线条

图 2-2-68 完成图

第三节 人体动态与着装

在画服装画时经常是以人体的动态表现为主，当人体动态发生变化时，重心也随之转移到左腿或右腿上。人体发生动态变化时是以脊柱动态带动其他颈、肩、肘、腰、臀各部位关节发生变化，而产生的屈、伸、扭、转的动态体现。当有动态变化时，原本静止的肩线与臀围由原本的平行关系转化为交叉状态。在表现人体动态时，一定要注意节奏与韵律感，四肢协调，着装时要适当留出松量（图2-3-1～图2-3-46）。

图 2-3-1 正面双脚交叉人体动态（女）　　　　图 2-3-2 人体着装完成

图 2-3-3 正面双脚交叉人体动态（女）

小贴士▶
双脚交叉人体动态臀部和脚部的微妙扭动关系是绘制要点。

图 2-3-4 人体着装完成

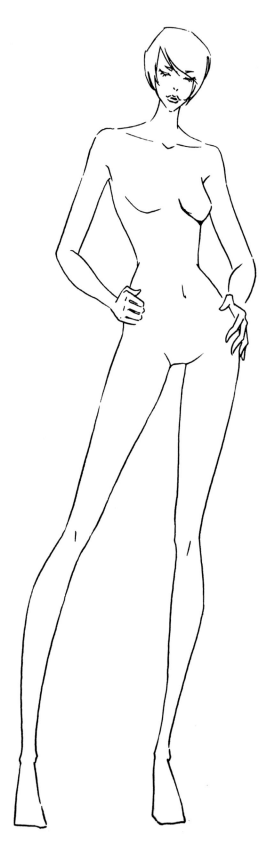

图 2-3-5 正面站立人体动态（女）　　　　　图 2-3-6 人体着装完成

图 2-3-7 正面站立人体动态（女）

图 2-3-8 人体着装完成

小贴士 ▶
手在腰部有支撑时，转折处表达要清晰。

图 2-3-9 正面站立人体动态（女）

图 2-3-10 人体着装完成

图 2-3-11 正面站立人体动态（女）

图 2-3-12 人体着装完成

小贴士
手臂抬起时，上衣的褶皱要随着动势画出。

图 2-3-13 正面站立人体动态（女）   图 2-3-14 人体着装完成

图 2-3-15 正面站立人体动态 (女)　　　　　图 2-3-16 人体着装完成

小贴士
两脚开立较大时，左右腿部服装贴合部分边
缘要能体现腿部线条。

图 2-3-17 正面站立人体动态 (女)   图 2-3-18 人体着装完成

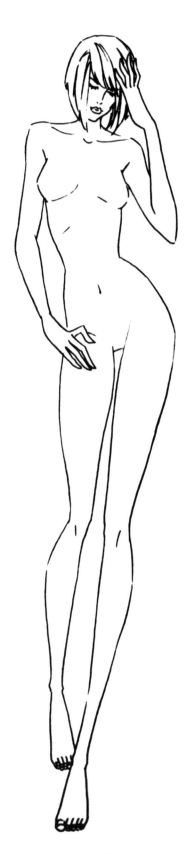

图 2-3-19 正面行走人体动态（女）　　　　　图 2-3-20 人体着装完成

 小贴士

绘制行走姿态的腿部时要考虑透视关系。

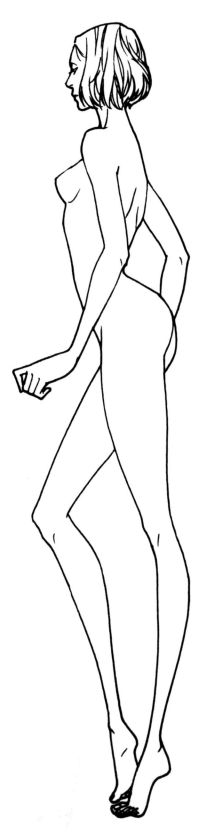

图 2-3-21 侧面站立人体动态 (女)　　　　图 2-3-22 人体着装完成

图 2-3-23 侧面站立人体动态（女）　　　　　　　图 2-3-24 人体着装完成

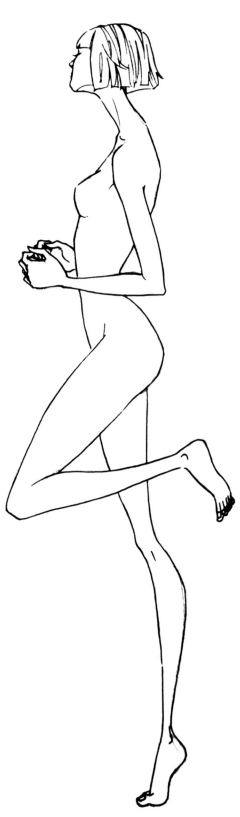

图 2-3-25 侧面站立人体动态（女）　　　　　图 2-3-26 人体着装完成

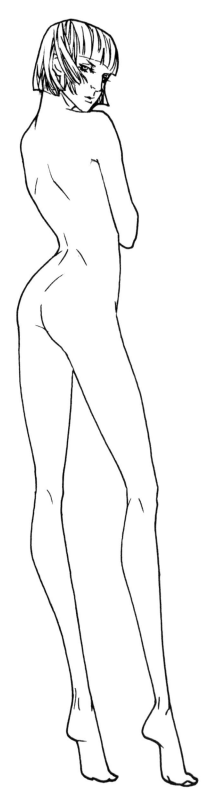

图 2-3-27 侧背面站立人体动态（女）

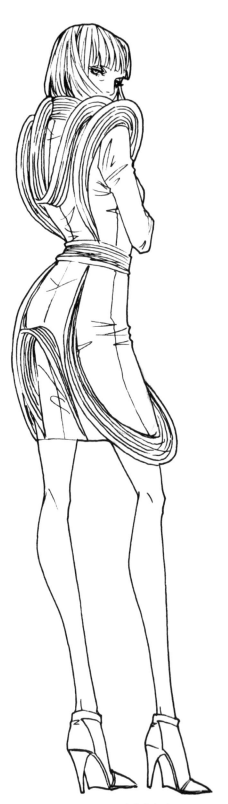

图 2-3-28 人体着装完成

小贴士

绘制比较合体的服装时，骨点的部分可贴合得紧密些。

图 2-3-29 侧背面站立人体动态 (女)

图 2-3-30 人体着装完成

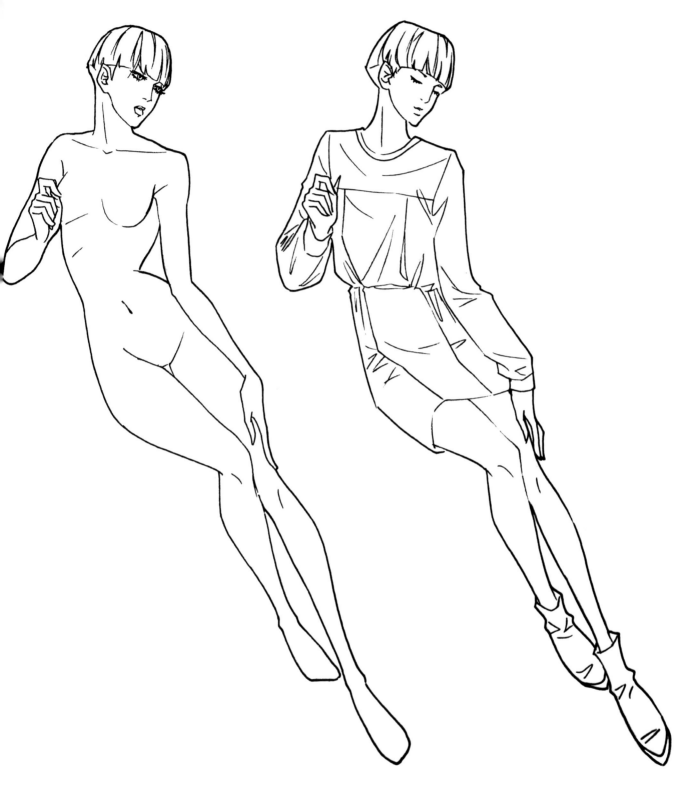

图 2-3-31 坐姿人体动态（女）   图 2-3-32 人体着装完成

小贴士
绘制坐姿的肩、腰、臀部分的服装因人体扭动产生的褶皱时要有呼应。

图 2-3-33 坐姿人体动态（女）　　　　　图 2-3-34 人体着装完成

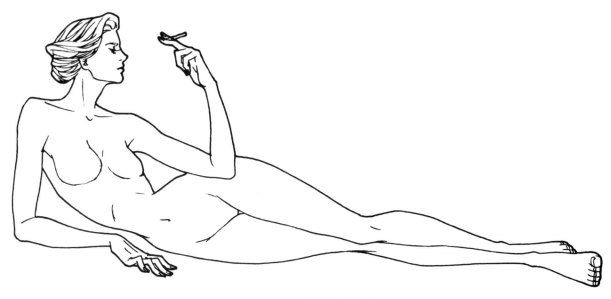

图 2-3-35 卧姿人体动态（女）

图 2-3-36 人体着装完成

小贴士
卧姿的颈肩部分不同于站姿，变化较大。

59

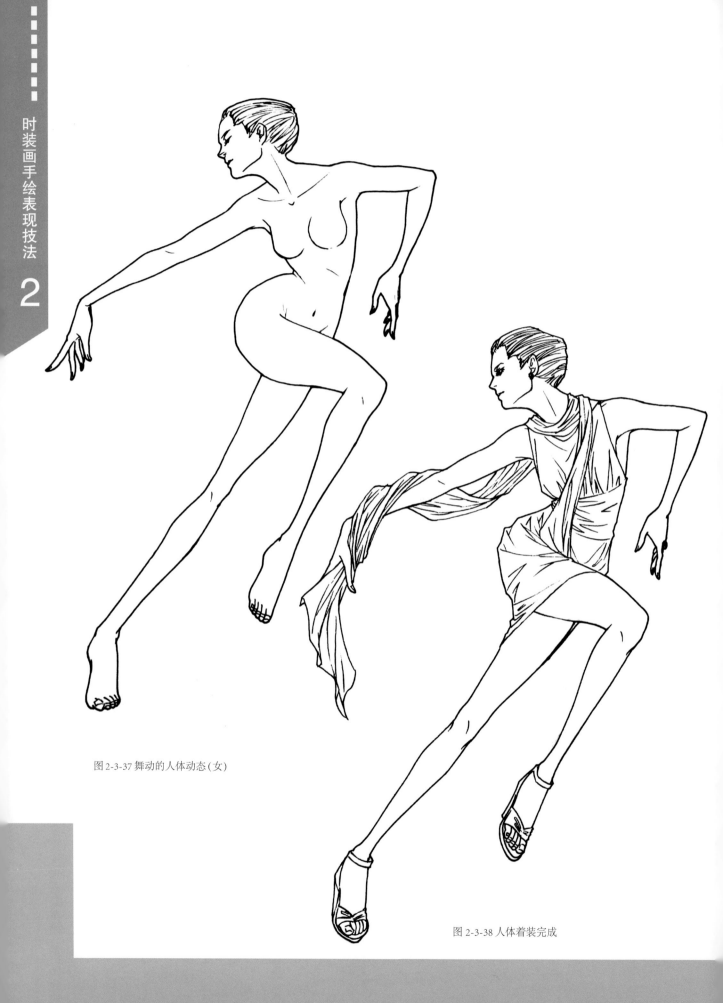

图 2-3-37 舞动的人体动态 (女)

图 2-3-38 人体着装完成

图2-3-39 舞动的人体动态（女）

小贴士
卧姿的颈肩部分不同于站姿，变化较大。

图 2-3-40 人体着装完成

图 2-3-41 正面站立人体动态（男）　　　　　　　　图 2-3-42 人体着装完成

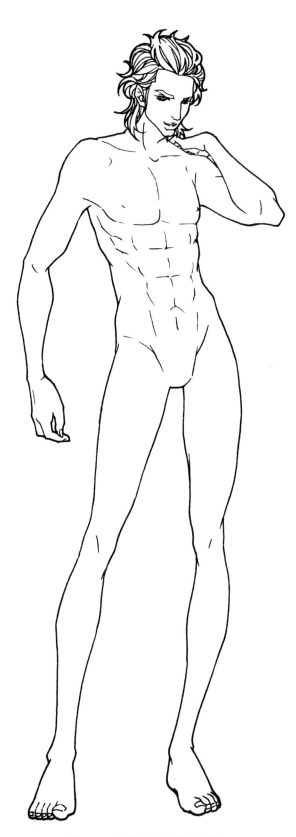

图 2-3-43 正面站立人体动态（男）

图 2-3-44 人体着装完成

图 2-3-45 背面行走人体动态 (男)　　　　　　　　图 2-3-46 人体着装完成

第三章 服装款式图的表现技法

服装款式图注重服装结构表现，一般用钢笔或针管笔勾线，根据设计者的设计意图，注意整体的比例结构。

第一节 衬衫

衬衫绘制步骤（图 3-1-1）

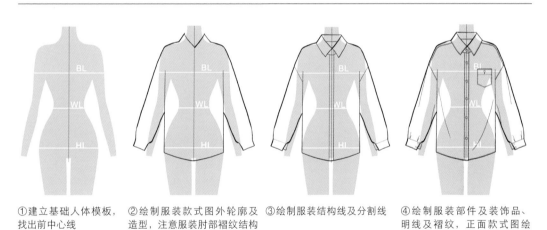

①建立基础人体模板，找出前中心线

②绘制服装款式图外轮廓及造型，注意服装肘部褶纹结构处理

③绘制服装结构线及分割线

④绘制服装部件及装饰品、明线及褶纹，正面款式图绘制完毕

⑤绘制背面款式图

⑥正反款式图错搭排列展示，绘制完成

图 3-1-1 衬衫绘制步骤

> **小贴士** ▶
>
> 绘制衬衫时，要给前后身留出足够的空间，肩部稍微宽松。衬衫在衣领、袖口、前襟及下摆等处的变化是描绘要点。

衬衫款式范例（图 3–1–2 ～ 图 3–1–7 ）

图 3-1-2 普通衬衫款式范例

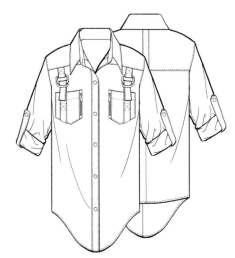

图 3-1-3 休闲衬衫款式范例

图 3-1-4 修身衬衫款式范例

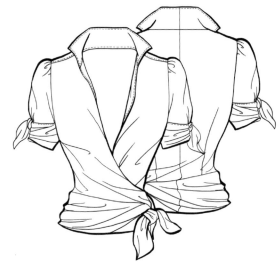

图 3-1-5 短袖衬衫款式范例

图 3-1-6 长款衬衫款式范例

图 3-1-7 时尚衬衫款式范例

第二节 西装

西装绘制步骤（图 3-2-1）

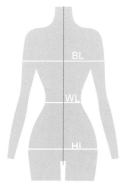

①建立基础人体模板，找出前中心线

②绘制服装款式图外轮廓及造型，注意服装肘部褶纹结构处理

③绘制服装结构线及分割线

④绘制服装部件及装饰品、明线及褶纹，正面款式图绘制完毕

⑤绘制背面款式图

 小贴士

西装在驳头、门襟处、下摆及口袋等处的细节在绘制时要注意。

⑥正反款式图错搭排列展示，绘制完成

图 3-2-1 西装绘制步骤

西装款式范例（图 3-2-2 ~ 图 3-2-7）

图 3-2-2 双排扣西服款式范例

图 3-2-3 单排扣西服款式范例

图 3-2-4 修身西服款式范例

图 3-2-5 休闲西服款式范例

图 3-2-6 短袖西服款式范例

图 3-2-7 时尚西服款式范例

第三节 夹克

夹克绘制步骤（图3-3-1）

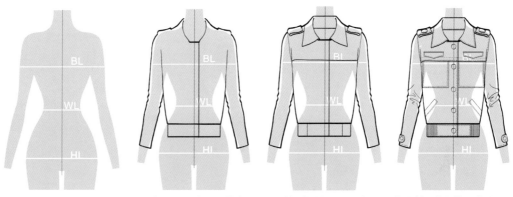

①建立基础人体模板，找出前中心线

②绘制服装款式图外轮廓及造型，注意服装肘部褶纹结构处理

③绘制服装结构线及分割线

④绘制服装部件及装饰品、明线及褶纹，正面款式图绘制完毕

⑤绘制背面款式图

小贴士 ▶

绘制夹克的款式结构时注意底摆、袖口等细节的刻画。

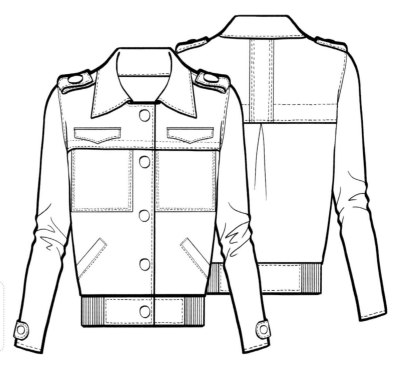

⑥正反款式图错搭排列展示，绘制完成

图 3-3-1 夹克绘制步骤

夹克款式范例（图 3-3-2 ～ 图 3-3-7）

图 3-3-2 普通夹克款式范例

图 3-3-3 短款夹克款式范例

图 3-3-4 休闲夹克款式范例

图 3-3-5 紧身夹克款式范例

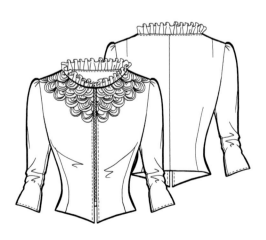

图 3-3-6 七分袖夹克款式范例

图 3-3-7 时尚夹克款式范例

第四节 针织外套

针织外套绘制步骤（图 3-4-1）

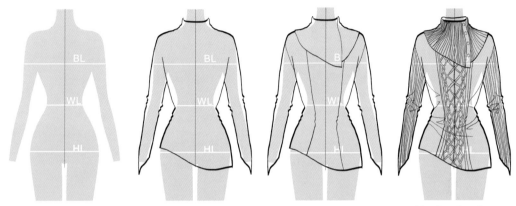

①建立基础人体模板，找出前中心线

②绘制服装款式图外轮廓及造型，注意服装肘部褶纹结构处理

③绘制服装结构线及分割线

④绘制服装部件及装饰品、明线及褶纹，正面款式图绘制完毕

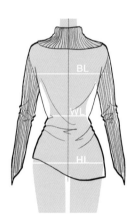

⑤绘制背面款式图

小贴士

针织外套纹理样式繁多。在画针织外套时，要注意针织品较大的体积感和针脚方向。

⑥正反款式图错搭排列展示，绘制完成

图 3-4-1 针织外套绘制步骤

针织外套款式范例（图 3-4-2 ～图 3-4-7）

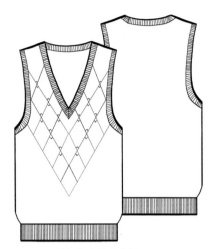

图 3-4-2 针织坎肩款式范例

图 3-4-3 针织毛衣款式范例

图 3-4-4 针织裙装款式范例

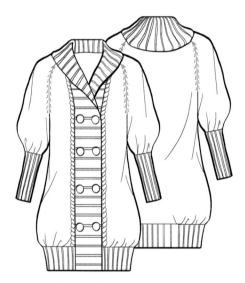

图 3-4-5 针织外套款式范例

图 3-4-6 针织带帽装款式范例

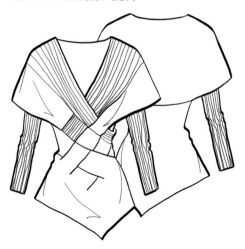

图 3-4-7 时尚针织装款式范例

第五节 大衣

大衣绘制步骤（图 3-5-1）

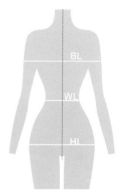   

①建立基础人体模板，找出前中心线

②绘制服装款式图外轮廓及造型，注意服装肘部褶纹结构处理

③绘制服装结构线及分割线

④绘制服装部件及装饰品、明线及褶纹，正面款式图绘制完毕

⑤绘制背面款式图

小贴士

大衣在绘制时体积的处理是要点之一，按设计不同控制松量的变化。

⑥正反款式图错搭排列展示，绘制完成

图 3-5-1 大衣绘制步骤

大衣款式范例（图 3-5-2 ~ 图 3-5-5）

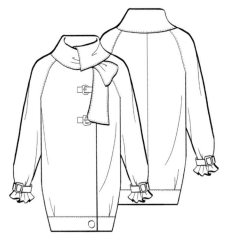

图 3-5-2 中长款大衣款式范例

图 3-5-3 修身大衣款式范例

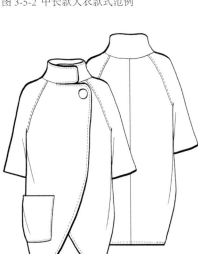

图 3-5-4 休闲大衣款式范例

图 3-5-5 半袖大衣款式范例

图 3-5-6 时尚大衣款式范例

第六节 裤装

裤装绘制步骤（图3-6-1）

①建立基础人体模板，找出前中心线

②绘制裤子款式图外轮廓及造型，注意裤子膝盖部位褶纹结构处理

③绘制裤子结构线及分割线

④绘制裤子部件及装饰品、明线及褶纹，正面款式图绘制完毕

⑤绘制背面款式图

> **小贴士**
>
> 在裤子的设计中，要点在廓形、松紧度和腰部的设计。口袋是很重要的元素性的结构之一。

⑥正反款式图排列展示，绘制完成

图 3-6-1 裤装绘制步骤

裤装款式范例（图 3-6-2 ～ 图 3-6-7）

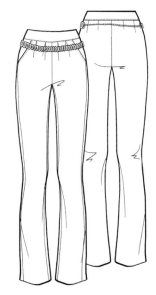

图 3-6-2 普通长裤款式范例

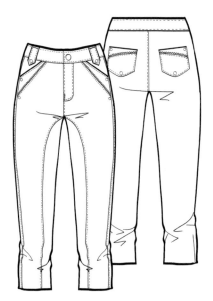

图 3-6-3 七分裤款式范例

图 3-6-4 短裤款式范例

图 3-6-5 休闲裤款式范例

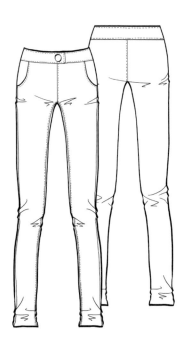

图 3-6-6 紧身裤款式范例

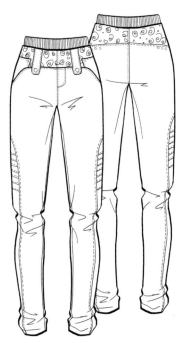

图 3-6-7 时尚裤装款式范例

第七节 裙子

裙子绘制步骤（图 3-7-1）

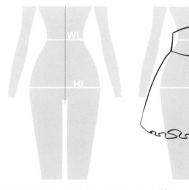  

①建立基础人体模板，找出前中心线　②绘制裙子款式图外轮廓及造型　③绘制裙子结构线及分割线　④绘制裙子部件及装饰品、明线及褶纹，正面款式图绘制完毕

⑤绘制背面款式图

小贴士
裙子款式在形状及长度上变化较多。在画裙子时，要注意裙子腰部线条处理及宽松度。

⑥正反款式图错搭排列展示，绘制完成

图 3-7-1 裙子绘制步骤

裙子款式范例（图 3-7-2 ~ 图 3-7-7）

图 3-7-2 半身裙款式范例

图 3-7-3 蛋糕裙款式范例

图 3-7-4 百褶裙款式范例

图 3-7-5 连衣裙款式范例

图 3-7-6 吊带裙款式范例

图 3-7-7 时尚小礼服裙款式范例

第四章 时装画的面料表现

第一节 精纺条纹织物的表现

精纺织物是用精梳毛纱织制。外观精细、平滑、反光性较弱，织纹清晰。

工具： 水粉、水粉笔、彩色铅笔
步骤： 见图 4-1-1 ~ 图 4-1-4

图 4-1-1 先用大笔触均匀地平涂底色

图 4-1-2 用铅笔勾画出织物的纹理

图 4-1-3 用彩色铅笔绘制出纹理

图 4-1-4 进一步丰富刻画纹理，完成局部刻画

小贴士

用彩色铅笔绘制纹理前，一定等待平涂的底色完全干透，否则会破坏画面的效果。

图 4-1-5 人体着装效果（明方扉 绘）

第二节 粗纺人字呢织物的表现

粗纺织物是用粗梳毛纱织制。质地较厚、硬而挺，色泽沉稳，表面粗糙，覆盖绒毛，织纹较模糊。

工具：水粉、毛笔、水粉笔
步骤：见图 4-2-1～图 4-2-4

图 4-2-1 先用铅笔定出纹理的位置

图 4-2-2 用大笔触铺底色

图 4-2-3 用毛笔绘制出纹理

图 4-2-4 刻画细节，完成局部刻画

小贴士

粗纺织物除了人字呢，还有很多种类，如花呢、格子呢、法兰绒、雪尼尔、麦尔登等，绘制的手法大同小异。平时生活中多留心观察，大胆尝试练习，技法掌握会更加丰富和熟练。

图 4-2-5 人体着装效果（赵依千芮 绘）

第三节 毛皮的表现

毛皮具有蓬松柔软、无硬性转折、体积感强的特点。

工具： 水粉、彩色铅笔、毛笔
步骤： 见图 4-3-1~图 4-3-4

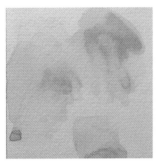

图 4-3-1 先画出毛皮的基本颜色

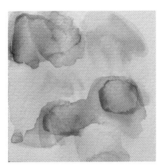

图 4-3-2 依次画出毛皮的暗部结构，注意笔触的方向

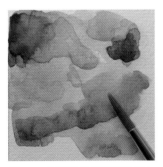

图 4-3-3 用深浅各异的颜色深入画出中间色调和反光

图 4-3-4 最后用彩色铅笔细微刻画，顺着毛向画线条，注意线条的穿插和疏密关系，力求画出毛皮的厚度，完成局部刻画

小贴士▶

绘制毛皮时，先画深色，顺着纹理逐层提亮；在绘制毛向时，注意线的变化，不要出现平行线和交叉线。

图 4-2-5 人体着装效果（赵依千芮 绘）

第四节　皮革的表现

　　皮革面料分为两种：一种是动物皮革，如羊革、蛇革、猪革、马革、牛革等，根据兽皮在动物身上分布的位置不同而分别制成光面革和绒面革；另一种是人造革，以聚氯乙烯、锦纶、聚氨基树脂等复合材料为原料，涂敷在棉、麻、化纤等机织或针织底布上，制成类似皮革的制品。皮革面料共同特点具有自然的粒纹和较强的光泽，当人们穿着此类服装并处在动态之中时，服装褶皱部位会产生光点或是光亮的弧线。两者不同之处在于动物皮革所产生的亮点是柔光，而人造革的亮点特别亮，给人以生硬的感觉。

工具：水粉、毛笔
步骤：见图 4-4-1 ~ 图 4-4-4

图 4-4-1 先用服装的固有色画出暗部，用清水晕染边缘复返，使边界自然模糊

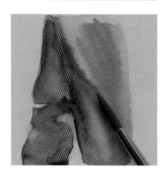

图 4-4-2 进一步用深明度颜色渲染，画出褶皱的走向

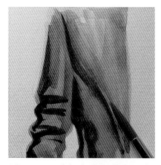

图 4-4-3 以中间灰表现其光泽度

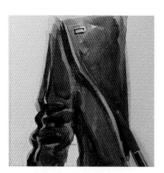

图 4-4-4 加白色提亮反光部分，并添加细节，完成局部刻画

小贴士 ▶

皮革面料的表现重点在于深入刻画面料的转折、褶皱部分，按照写实的风格，把复杂的层次关系，概括归纳成两个或三个色彩层次，在转折、褶皱的部分加大对比的光感效果。

图 4-4-5 人体着装效果（李沂繁 绘）

第五节 针织织物的表现

针织织物是将棉线、麻线、开司米、毛线、彩带等线类材料经过编织组合成各种花样制品，编织可分为钩针编织和棒针编织。针织织物的伸缩性强，质地柔软，吸水及透气性好，表面纹理平滑、整齐，有几何方格、条形格、马尾辫、各种花形等基础花样。

工具：水粉、彩色针管笔、毛笔
步骤：见图4-5-1～图4-5-4

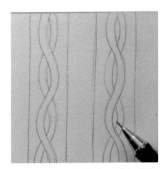

图4-5-1 先用铅笔勾画出织物纹路组织的轮廓

图4-5-2 顺着织物纹路的走向画出服装的固有色

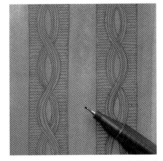

图4-5-3 颜色干后用深明度的彩色针管笔画出马尾辫的纹理

图4-5-4 用细线条勾出毛衣的肌理，并画出花纹的阴影，完成局部刻画

小贴士▶

由于针织织物的图案造型是根据编织纹理的走向而生成的，所以在表现这类图案纹路时，可考虑一定的方块状与锯齿状表达。此外，在绘制中，应适当夸张织物的针织纹理效果。

图4-5-5 人体着装效果（宫婷 绘）

第六节 雪纺的表现

雪纺面料的特征是飘逸、轻薄，易产生碎褶。

工具：水彩或水粉、铅笔、毛笔
步骤：见图4-6-1～图4-6-4

图 4-6-1 先用铅笔勾画出面料的褶皱

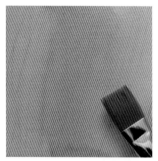

图 4-6-2 用淡色大笔触铺出底色，高光处留白

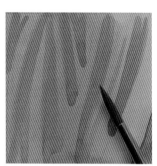

图 4-6-3 用服装的固有色画出碎褶部分，边缘处清水晕染，注意随意性和生动性

图 4-6-4 用深明度颜色进一步画出面料褶皱的明暗，细节部分重点刻画，完成局部刻画

小贴士

在表现雪纺面料时，毛笔的水分掌握是关键。水分过多，画面模糊一片，缺少层次感；水分过少，不容易运笔，画面缺少生动性，很难准确表现出雪纺的质感。

图 4-6-5 人体着装效果（张晓慧 绘）

第七节 丝绸面料的表现

丝绸面料的特点是反光强烈，有丰富的灰色层次，因而运用较薄而清淡的画法更适合表现其质感。

工具： 水粉、毛笔
步骤： 见图 4-7-1 ~ 图 4-7-4

图 4-7-1 铅笔勾画出服装的款式，注意面料质感引起的褶皱变化

图 4-7-2 用毛笔顺着褶皱方向画出面料的固有色，高光处留白

图 4-7-3 用同色系深明度的颜色画出暗部

图 4-7-4 加强明暗交界线，进一步刻画面料的质感，完成局部刻画

小贴士

用毛笔刻画衣纹褶皱的颜色时，要注意渲染自然过渡及加强亮光的处理。

图 4-7-5 人体着装效果 (郝明玥绘)

第八节 透明面料的表现

透明面料的特点是当透明的纱覆盖在比它们的色彩明度深的物体上时，被覆盖物体的颜色会变得较浅；反之，被覆盖物体的颜色便会变深。纱易产生自然特性的褶，在处理时，可加强层次的丰富感，而对于飘动起来的纱，可略为淡化。

工具：水粉、水粉笔、毛笔
步骤：见图 4-8-1 ~ 图 4-8-4

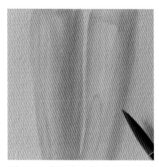

图 4-8-1 先画出内部被服装遮挡的皮肤颜色

图 4-8-2 薄薄的画出透明面料的固有颜色

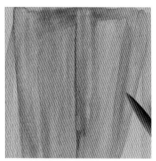

图 4-8-3 画出面料暗部结构，注意层次感

图 4-8-4 勾画面料上的图案，完成局部刻画

> **小贴士**
>
> 描绘透明面料上的暗部和图案结构时，注意不要将皮肤的颜色完全覆盖住，这样能更好地体现出服装的透明质感。

图 4-8-5 人体着装效果 (牛海勇 绘)

第九节 灯芯绒的表现

灯芯绒是割纬起绒、表面形成纵向绒条的棉织物。因绒条像一条条灯草芯，所以称为灯芯绒。灯芯绒织物手感弹滑柔软、绒条清晰圆润、光泽柔和均匀、厚实且耐磨，但较易撕裂。此外，灯芯绒质地厚实，保暖性好，适合制作秋冬季外衣、鞋帽面料和幕布、窗帘、沙发面料等装饰用品。

工具：水粉、毛笔、水粉笔
步骤：见图 4-9-1 ~ 图 4-9-4

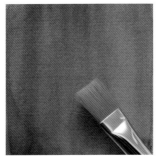

图 4-9-1 先蘸取面料固有色，用大笔触平铺底色

图 4-9-2 用毛笔画出纵向绒条

图 4-9-3 用深一层次的颜色加强绒条暗部

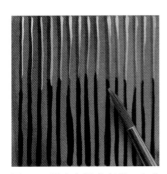

图 4-9-4 用白色提亮亮部，完成局部刻画

小贴士▶

绒布有顺毛和倒毛之分，顺毛向下颜色较浅，倒毛向上颜色较深，比较美观。处理绒布面料的边缘时，不能坚硬、圆滑，而应起毛和虚化。

图 4-9-5 人体着装效果（张晓慧绘）

第十节 牛仔面料的表现

　　牛仔面料也叫做丹宁布，是一种较粗厚的色织经面斜纹布，质地紧密厚实、织纹清晰、手感滑爽。牛仔面料即具有粗犷豪放、坚固、夸张的外观，还不乏细腻、多彩、精致的特点。千变万化的水洗加工工艺，使得牛仔装常年流行不衰，品种风格更加多样化。

工具：水粉、毛笔、水粉笔
步骤：见图 4-10-1～图 4-10-4

图 4-10-1 先蘸取固有色，用大笔触平涂底色

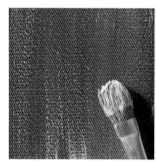

图 4-10-2 待干后，使用水粉笔蘸白色干色，画出水洗效果

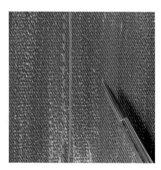

图 4-10-3 用中黄色画出牛仔面料上的明线迹

图 4-10-4 用深一度的颜色画出暗部阴影，完成局部刻画

　　小贴士

牛仔布上的明线工艺体现了牛仔服的粗犷风格，画时要注意描绘，利用明暗关系产生压进的凹陷感。

图 4-10-5 人体着装效果（明方扉 绘）

第十一节 镂空面料的表现

镂空面料中的镂空是一种雕刻技术。外面看起来是完整的图案，但里面可以是空的或者镶嵌小的镂空物件。演变到现在的服饰和配饰中主要体现在面料的肌理和款式上。

工具：水粉、毛笔、针管笔
步骤：见图 4-11-1 ~ 图 4-11-4

图 4-11-1 先用铅笔画出面料上的镂空图案

图 4-11-2 用淡淡的灰色调填充里面镂空的部分

图 4-11-3 用深明度的颜色画出暗部

图 4-11-4 用针管笔（0.1）勾画外轮廓，完成局部刻画

小贴士

绘制镂空面料也可以用颜料（如白色油画棒），先勾画出镂空部分的图案，然后将水粉色覆盖于图案之上，两种不同性质的颜料会产生分离的效果。

图 4-11-5 人体着装效果（刘霖 绘）

第十二节 豹纹面料的表现

豹纹面料主要是模仿豹皮纹样，适合用在前卫、大胆、富于野性的服装设计中。

工具：水粉、毛笔、水粉笔
步骤：见图 4-12-1 ~ 图 4-12-4

图 4-12-1 先用铅笔画出面料上的纹样

图 4-12-2 大笔触铺底色，注意明暗关系

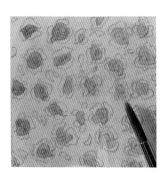

图 4-12-3 用土黄色绘制填充纹样

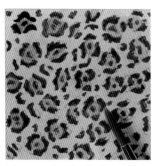

图 4-12-4 进一步用黑色勾画外轮廓，加强质感，完成局部刻画

小贴士

绘制豹纹这一类的面料，需要平时生活中细心的观察和积累，如图案的纹理形状、图案的布局、颜色的搭配，应采用写实的手法表现。

图 4-12-5 人体着装效果（赵依千芮 绘）

第十三节 蕾丝面料的表现

蕾丝指的是有刺绣的面料，主要由化纤面料经过钩针编织出来的各种花型的带状和平面状的面料，也有部分是用全棉和合成纤维。蕾丝面料质地轻薄而通透，体现了精雕细琢的奢华感和优雅神秘的浪漫气息。

工具：水粉、毛笔、水粉笔
步骤：见图 4-13-1 ~ 图 4-13-4

图 4-13-1 先用铅笔画出纹样的形状和位置

图 4-13-2 用浅色晕染底色

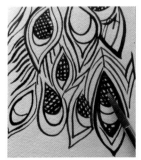

图 4-13-3 用毛笔画出纹样轮廓，并对纹样做进一步的描绘

图 4-13-4 用针管笔（0.1）画出底层的网纹，深入刻画细节，完成局部刻画

小贴士
绘制蕾丝面料底层的网纹时，要选用尽可能细的针管笔绘制，注意弱化、虚化。

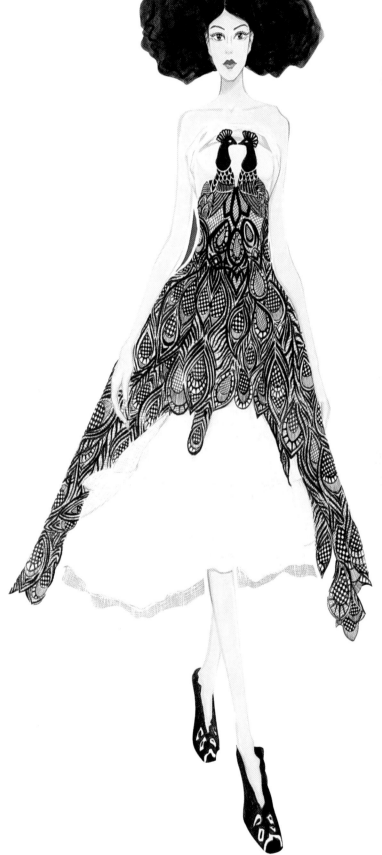

图 4-13-5 人体着装效果（刘娇 绘）

第十四节 方格面料的表现

方格面料纹样秩序感强，格子的种类繁多，颜色丰富。

工具：水粉、毛笔
步骤：见图 4-14-1 ~ 图 4-14-4

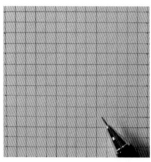

图 4-14-1 先用铅笔画出格纹的位置、大小

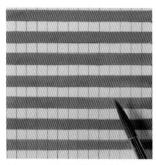

图 4-14-2 用毛笔横向的填充固有颜色

图 4-14-3 再用毛笔纵向的填充固有颜色

图 4-14-4 最后将深明度的颜色在相交错的方格中填充，完成局部刻画

小贴士

绘制方格面料时不能忽视与人体结合所产生的变化关系，服装因人体活动及款式需要而产生的衣纹褶皱，造成方格纹样扭曲和变形，这是绘制的难点，也是服装立体感和面料生动性的体现。

图 4-14-5 人体着装效果 (宫婷 绘)

第十五节 印花面料的表现

印花面料是指时装面料上印有各种形式的纹样图案。根据图案的风格，可以分为花鸟及山水图案、动物图案、人物图案、风景图案、几何图案等类型。面料图案的内容多、形式各异，布局及其表现手法具有一定的规律，对于图案的表现技法，应与时装画的整体风格协调。

工具： 水粉、油画棒、水粉笔、毛笔
步骤： 见图 4-15-1 ~ 图 4-15-4

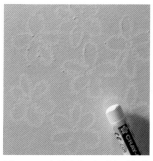

图 4-15-1 先用白色油画棒画出花形的位置

图 4-15-2 用粉色油画棒画出花形

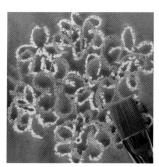

图 4-15-3 蘸取面料固有色，用大笔触平涂铺底

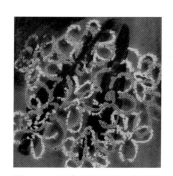

图 4-15-4 画出明暗关系，完成局部刻画

小贴士▶

印花面料的表现也可以先用铅笔定出花样的位置，然后用毛笔一个接一个地涂满周围的底色，利用画纸底色作为花色；或者用毛笔画出花的颜色和形象，底色可以画其他颜色或直接保留画纸底色。

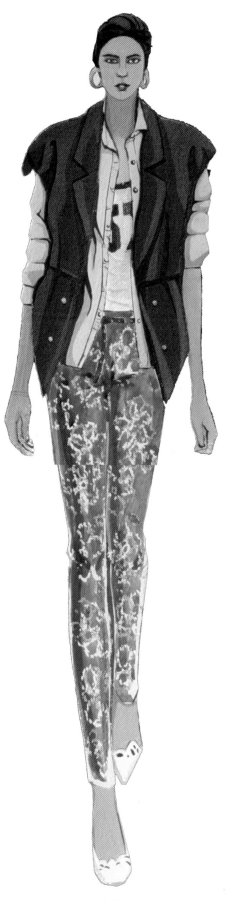

图 4-15-5 人体着装效果（于文姝 绘）

第十六节 羽绒服面料的表现

羽绒服的材料主要是羽绒和涂层织物。羽绒一般根据来源可分为鹅绒和鸭绒。面料通常为涂层织物，涂层织物选用经纬纱高密的丝绸、棉布、棉涤等织物，具有防绒、防风及透气性能。羽绒服外表比较蓬松，表面有一定的光泽度。

工具：水粉、毛笔
步骤：见图 4-16-1～图 4-16-4

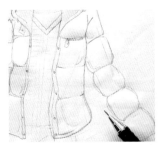

图 4-16-1 先用铅笔画出服装的款式结构

图 4-16-2 用毛笔画出服装的固有色

图 4-16-3 用同色系深明度的颜色画出面料的暗部

图 4-16-4 画出面料的反光，提出高光，完成局部刻画

小贴士▶
羽绒面料的绘制分为三个色彩层次：服装的固有色、暗部和反光。服装轮廓边缘采用粗、短的线条，不可勾画太过死板。

图 4-16-5 人体着装效果（肖秀绘）

第十七节 其他面料的表现

图 4-17 刺绣服装的质感表现效果
绘画工具为水粉和金色的丙烯颜料，先用水粉均匀地平涂底色后用金色
的丙烯颜料绘制刺绣图案，适当强调图案的明暗关系（伦雅林 绘）

图 4-18 条纹面料与针织面料的质感表现效果
秋冬面料质地较厚，以水粉平涂为主，尽可能将色彩
涂匀，不留笔触以达到平稳饱和的效果（郝明月 绘）

图 4-19 印花面料的质感表现效果
以青花瓷图案为主，绘制时注意图案的主次、虚实，注重图案的整体性、生动性及艺术的感染力（李修晨 绘）

图 4-20 棉麻面料的质感表现效果
以水粉平涂为主，水份不宜过多，适当可蘸取干颜色平涂，使表现效果更真实（李沂繁 绘）

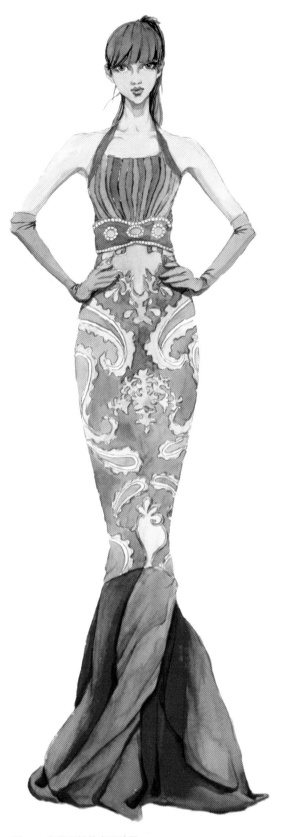

图 4-21 针织面料的表现效果
采用水粉和彩色铅笔结合的手法，水粉铺底色，彩色铅笔
勾画纹理，适当夸张织物的纹理效果，服装边缘用波浪状
勾边，使画面轻松、透气（林姿秀绘）

图 4-22 印花面料的表现效果
以水粉为主，先用毛笔画出面料的花样并画上颜色，再平
涂面料底色,简单的画出明暗关系,减少过渡层次（刘霖 绘）

图 4-23 棉质面料的表现效果
工具以水粉和毛笔为主，注意这类服装褶皱的变化特点。
款式的纽扣、明线和结构线等点缀也都有利于加强面料质
感的直观性（刘霖绘）

图 4-24 格子面料的质感表现效果
绘制材料为水粉，方格刻画清楚、明确、构图完整，注意
衣纹影响下方格扭曲变形的绘制，整体表现效果写实、直
观（刘阳光绘）

图 4-25 毛呢面料与针织面料的质感表现效果
采用水粉平涂的画法，结合服装的衣纹褶皱绘制，边缘勾
边不易过硬，纽扣和装饰线的细节绘制较好地表现出厚重
面料的质感特点（刘悦 绘）

图 4-26 毛皮的质感表现效果
先画出服装的固有色，再处理明暗关系，用毛笔根据毛的
走向和特点，运用点线形式表现，通过干湿对比和粗细线
条的变化处理画面（吕怡雯 绘）

图 4-27 牛仔面料的质感表现效果
采用水粉平涂的方法，用针管笔勾画牛仔裤侧缝上的
明线迹，可加强面料的质感表现（潘鑫 绘）

图 4-28 印花面料表现效果
以水粉平涂的画法为主，定位图案，绘制时要注意款
式和人体运动产生的图案扭曲变形（牛海勇 绘）

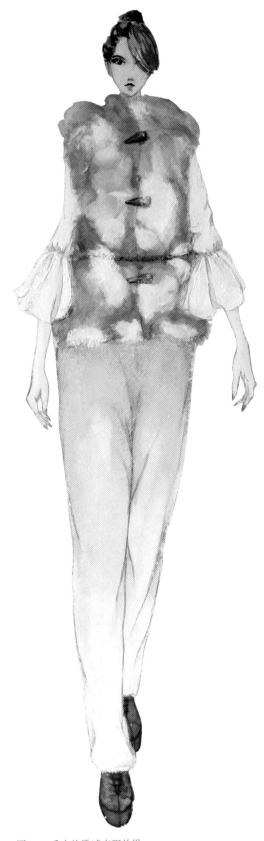

图 4-29 条纹薄纱面料的质感表现效果
采用水粉淡彩的方法,绘制时掌握颜料与水份的搭配,
更好地表现面料轻薄、柔软的特点 (宋岩 绘)

图 4-30 毛皮的质感表现效果
以两种颜色的毛皮拼接制作的马甲,应先运用水粉厚
画法平铺底色, 然后拿小号的毛笔按照毛的走势和方
向对服装外部轮廓和造型加以强调 (杨阳 绘)

图 4-31 雪纺透明面料的质感表现效果
在画好皮肤色后，薄薄的涂上一层水粉颜色，强调薄
纱的暗部，提亮高光部分（于文姝绘）

图 4-32 牛仔面料的质感表现效果
以水粉颜料为主，平铺牛仔裤的底色，高光处留白，
用清水晕染衣纹处的褶皱，也可用干的白色颜料提亮
高光部分（张晓慧绘）

图 4-33 棉质服装的质感表现效果
水粉薄薄的平涂一层,加强暗部层次,重点刻画衣纹褶皱,体现随意性和生动性(赵依千芮 绘)

图 4-34 动物纹面料和皮革面料的质感表现效果
马克笔表现皮革的纹理和转折,反光部分留出画纸的颜色;拿黑色的彩色铅笔,运用写实的手法绘制出面料的纹样,注意虚实结合(张炀明 绘)

第五章 时装画的表现技法

时装画能够生动形象地表现出服装的款式、色彩、面料，体现设计者的构思，与服装款式图相比时装画注重的是服饰的搭配组合、穿着方法等整体上的立体感、平衡感。

服装画表现技法多样，每种技法都有其独特的特点，不同的面料质感也不仅仅拘泥于一种手法来体现，可依据自己的喜好及习惯选择表现形式。下面是几种常用的表现技法。

第一节 水粉平涂表现技法

是常用的时装画技法之一。绘画时可先将人体及服装各部位用铅笔勾勒出来后，均匀平涂每块颜色，一次性将画面的明暗层次画出。

平涂法有两种：一是勾线平涂；二是无线平涂。勾线平涂是平涂与线结合的一种方法，即在色块的外围，用线进行勾勒、组织形象。无线平涂是利用色块之间的关系（明度关系、色相关系、纯度关系）产生一种整体的形象感，并不依靠线组织形象（图 5-1-1～图 5-1-36）。

图 5-1-1 用铅笔将人物和服装细致勾绘出来

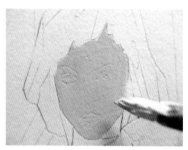

图5-1-2 用中黄加清水调白画脸部皮肤，不留白，涂色要均匀

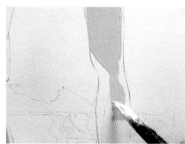

图 5-1-4 刻画手肘的结构

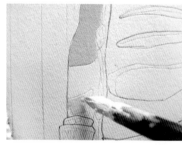

图 5-1-3 然后使用同样颜色画手臂部分，此颜色作为皮肤的底色

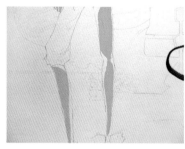

图 5-1-5 平涂腿部颜色，白色没涂色部分是预留的暗部

图 5-1-6 将皮肤色中调入些赭石，画手臂的暗部

图 5-1-7 用同样颜色绘制腿部的暗部，用笔要随着结构深入

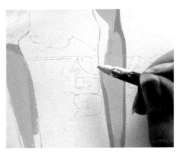

图 5-1-8 小腿的左右两侧处理时结构要准确，尤其是膝关节转折处

图 5-1-9 将没有衣服覆盖的皮肤一起着色

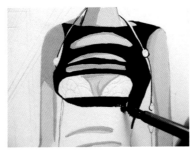

图 5-1-10 黑色水粉调和适量清水后画衣服

图 5-1-11 平涂手臂处装饰

图 5-1-12 按衣服的款式平涂

图 5-1-13 画头发和皮肤的暗部

图 5-1-14 给鞋上色，高光处留白

图 5-1-15 按鞋的转折运笔

图 5-1-16 褐色加赭石加土红画头发亮部颜色

小贴士 ▶

勾线平涂易获得装饰性效果，在整体轮廓的边缘及高光处可适当地留出空白，产生一种光感。

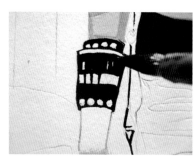

图 5-1-17 深红色加褐色画手臂处细节

图 5-1-18 褐色加赭石勾画眼睛和眉毛

图 5-1-19 大红加朱红调水画裤子

图 5-1-20 沿着衣纹的走向用笔

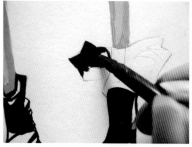

图 5-1-21 上下连接腿与鞋，边缘处理要精细

图 5-1-22 大红加深红调适量清水画暗部

图 5-1-23 沿着人体结构走向行笔

图 5-1-24 膝盖处的褶皱关系概括处理

图 5-1-25 朱红、大红加白画裤子亮部

图 5-1-26 在预留好的亮部位置合理平涂颜色

图 5-1-27 调整局部细节

图 5-1-28 黑色加普兰刻画背景

小贴士▶

水粉易涂改，覆盖性较强，可反复叠压，但不要画得太厚，会影响细节表现。

图 5-1-29 湖蓝加普蓝调白画背景

图 5-1-30 与人物衔接处边缘要准确，清晰

图 5-1-31 湖蓝加钴蓝加白调和后画中间颜色

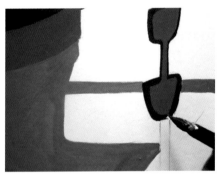

图 5-1-32 普蓝加黑色勾画外轮廓

图 5-1-33 普蓝加黑色调少量白色画细节

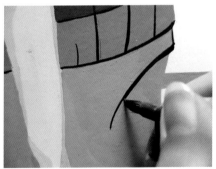

图 5-1-34 普蓝加黑色勾画结构线

图 5-1-35 深红色刻画局部，用马克笔和针管笔
丰富背景效果，对画面做整体调整

小贴士

水粉在平涂表现时，如在底色
未干时上色，会使底色泛起。

图 5-1-36 完成效果 (邵秀丽 绘)

第二节 水彩表现技法

水彩时装画表现的关键是要把握好水分,由浅入深,控制层次与过渡。常见的表现手法有晕染、接色、刮擦、叠色等,适合表现轻薄柔软的面料,如丝绸、薄纱等服装。由于水彩的特点,若想要增强画面的准确性和厚重感,则需要加强轮廓线和结构线的描绘(图 5-2-1 ~图 5-2-24)。

图 5-2-1 用铅笔起稿,准确地画出人物动势,把要上色的地方概括的标出

图 5-2-2 少量草绿加水薄涂皮肤的第一层颜色

图 5-2-3 稍干后画出大的明暗关系

图 5-2-4 草绿加水并加少量赭石画手臂

图 5-2-5 草绿加赭石并加少许黑色画腿的转折处

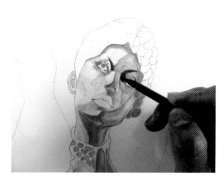

图 5-2-6 草绿加少量赭石、熟褐并加水调和,涂在眼眉、眼窝、鼻底及嘴唇处

图 5-2-7 熟褐加少量草绿并加水调和后画眼球及眼角、眼睑处

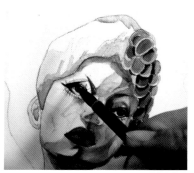

图 5-2-8 用黑色加少量熟褐画出眼睛的轮廓、鼻孔及嘴的暗部

图 5-2-9 用黑色画出头发及眼部细节

图 5-2-10 群青加白并加少量水调和后画嘴唇的受光部

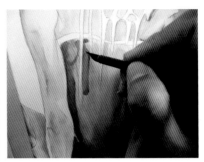

图 5-2-11 少量黑色加水调和成淡灰色，再加入少量赭石、熟褐调和后画衣服的第一遍色，待干后用同色系稍重的颜色画第二遍

图 5-2-12 用黑色加熟褐画出衣服褶皱，衣服和手臂交界处要小心绘制

图 5-2-13 黑色加水画出裙摆下面的花纹

图 5-2-14 草绿加赭石并加少许黑色加深肩颈部的明暗关系

图 5-2-15 草绿加赭石并加少许黑色对腿部勾线

图 5-2-16 取少量普蓝加水后画背景

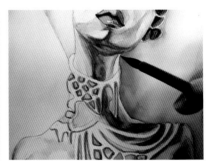

图 5-2-17 和人物交界处的背景要重一些，用普蓝蘸少许黑色加水画出

小贴士

水彩表现落笔要肯定，不宜反复修改，亮处要留白，深部要透明；对"水"的控制能力要强。

图 5-2-19 把脖子和颈部装饰交界处用黑色加熟
褐画出

图 5-2-18 用普蓝加水把裙摆褶皱高光处淡淡的涂一层色

图 5-2-22 用白色提亮颈部配饰

图 5-2-20 用黑色画出颈部装饰的暗部

图 5-2-23 用含有蓝色亮片的指甲油涂在颈部配
饰和衣服上，突出服装的质感和亮度

图 5-2-21 用针管笔画出颈部装饰和服装的细节

小贴士

水彩深色可以覆盖浅色，浅色不能覆盖浅色。

图 5-2-24 完成效果（宁美华绘）

图 5-3-1 铅笔起稿

第三节 马克笔表现技法

　　马克笔色彩鲜艳、上色快速、笔道匀称，非常适合快速表现。在上色中要注意运笔的速度和力量，速度尽量快，力量要适中，适当留出空白。在绘制时注意光线方向，首先在向光处留白后涂底色，之后再用比底色深一点的颜色加入阴影部位，比底色淡一点的颜色整体调节，注意明暗的衔接过渡要自然（图 5-3-1～图 5-3-20)。

图 5-3-2 用马克笔的细头给人物的头、颈、胸部位置上第一遍颜色

图 5-3-3 用同样的颜色给中间的人体上皮肤色

图 5-3-4 给右侧的人物上皮肤色，注意亮部留白的位置，三个人留白的光源方向要一致

图 5-3-5 画出三个人的胳膊和腿部皮肤的第一遍颜色

图 5-3-6 选择比第一遍皮肤颜色略重的颜色在暗部加一层颜色后绘制头发的第一遍色

图 5-3-7 跟上一步骤相同绘制中间的人物

图 5-3-8 画完右侧人物的头发及皮肤色后，整体画面人物的肤色绘制完

图 5-3-9 给三个人头发明暗交界处加重一遍颜色

图 5-3-10 绘制左侧人物的服装暗部颜色

图 5-3-11 胸部和腰部线条集中的地方上两遍色

图 5-3-12 右侧人物的肩部袖子褶皱处画两遍色，服装整体暗部勾画

图 5-3-13 整体服装上完暗部颜色的效果

小贴士 ▶

马克笔运笔时要有力度、笔触果断，快速的线条洒脱飘逸，慢速的线条则相对呆板。

图 5-3-14 用点绘的方法绘制服装的亮部

图 5-3-15 点绘过程中暗部往亮部过渡时要有
疏密变化，绘制眼睛的暗部颜色

图 5-3-16 用粉紫色在裙子的亮部罩上一层
颜色

图 5-3-17 平涂鞋的颜色

图 5-3-18 针管笔强调轮廓线，并画出五官细节

图 5-3-19 横向大面积排线绘制背景，人物脚
下绘制出投影

小贴士 ▶

马克笔用笔的遍数不宜过多，第一遍颜色干透后，再进行第二遍上色。

图 5-3-20 完成效果（杨砚书绘）

小贴士
用马克笔表现时，笔触大多以排线为主，所以有规律地组织线条的方向和疏密，有利于形成统一的画面风格。

第四节 淡彩勾线表现技法

以勾线为主，在时装画的主要部位简略地敷以色彩。这种敷色方法由于采用水彩画着色法，故多用水彩色或水粉色。勾线的工具可以选择钢笔、铅笔、炭笔、毛笔、马克笔等。此方法较为简洁明快，方法易于掌握且较为快捷。勾线的表达常见的有两种方式：一种是勾线后再绘制画面，完成后线条清晰的呈现在画面上（图 5-4-1 ～图 5-4-19）；另一种是铅笔起稿上色后，勾绘的线条与上的颜色能够结合形成体面关系（图 5-4-20～ 图 5-4-43）。

图 5-4-1 用铅笔起稿，准确地画出人物动势

图 5-4-2 少量朱红加水调和出浅粉色，均匀、快速地涂在皮肤上，不要留白

图 5-4-3 少量赭石加水调和画头发的受光部

图 5-4-4 赭石加少量熟褐与水调和，画头发的中间色

图 5-4-5 少量土黄加水调和后画衣服的第一遍颜色，注意行笔速度要快，以免画面留下水痕

图 5-4-6 赭石加熟褐画出头发的暗部关系

图 5-4-7 少量朱红加水沿着明暗交界线往暗部画

小贴士
晕染法是从中国工笔画技法中吸取而来的一种时装画技法。采用两支毛笔交替进行，一支敷色，一支沾清水，由深至浅均匀染色。

图 5-4-8 头发和五官上完第二遍色的效果

图 5-4-9 少量群青加水调和涂在眼球上，眼仁用黑色加群青画出，赭石加熟褐画眉毛

图 5-4-10 少量黑色加水调和成淡灰色画眼角，双眼皮，下眼睑处，然后用黑色挑出睫毛，白色提出高光

图 5-4-11 大红、普蓝、赭石加水调和涂在嘴唇和指甲上，反复调整，最后提出高光

图 5-4-12 熟褐加黑色画出发丝飞扬的感觉

图 5-4-13 赭石、熟褐色加水薄涂

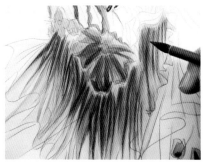

图 5-4-14 然后用深一些的色调画出衣服的褶皱

图 5-4-15 少量赭石加水调和画出胸部花朵，花朵边缘用黑色勾线，然后用金色提亮

图 5-4-16 用金色画腰部褶皱

图 5-4-17 把背景的花朵用少量赭石加水画出，然后观察画面，丰富细节

图 5-4-18 整理画面，用金色点缀头发、服装、背景

小贴士▶

勾线表现时，因为有墨线，即使上色跑出轮廓，也无大碍，若墨线被色彩覆盖，可重新画出。

图 5-4-19 完成效果（刘小溪 绘）

小贴士 ▶

淡彩上色色调要统一，整体感要强，不宜追求细小微妙的色彩变化。

图 5-4-21 清水铺底，用肉色加水调出皮肤最亮色，均匀平涂在脸上

图 5-4-22 用肉色加少量赭石、土黄后加水，画出皮肤的暗部；深红、黑加水画头发；朱红、大红加水画出嘴的颜色，亮部留白

图 5-4-20 在裱好的画纸上用铅笔起稿，准确地画出人物动势

图 5-4-23 深红加黑色画头发暗部，增强头发的起伏关系

图 5-4-24 用赭石、熟褐画眼球，赭石、熟褐加黑色调和后画眼线和睫毛，然后用黑色加深红提出头发的发丝

图 5-4-25 湖蓝加钴蓝调水后画里面衣物的颜色

图 5-4-26 调整整体关系，画出外套与皮肤交界处的投影

图 5-4-27 黑色调和大量清水后，侧锋行笔画出领部褶皱

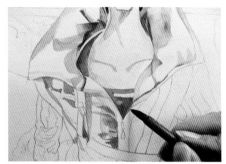

图 5-4-28 画出衣身的暗部转折

图 5-4-29 画出上衣袖子的明暗关系

图 5-4-30 用深红画出衣服的装饰线

小贴士 ▶
钢笔勾线时，不要在墨线处反复上色，以免墨线泛起。

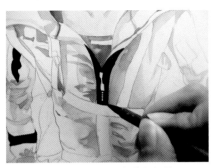

图 5-4-31 用饱和的黑色画出外衣拉链

图 5-4-32 用黑色加水画背景

图 5-4-33 用橘黄加少量柠檬黄画背景人物头部，黑色加水画肩部，衣物装饰部分用桔黄加赭石画出

图 5-4-34 用黑色加水整体调整画面的黑白灰关系

图 5-4-35 用玫瑰红、深红加大量清水涂在人物前方花朵受光部，注意最亮处留白

图 5-4-36 用玫瑰红、深红加少量水加深花朵暗部，准备一支清水笔画出过渡色

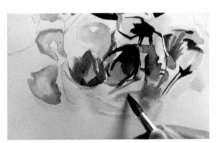

图 5-4-37 用翠绿加少量赭石画出叶子的受光部，暗部用深绿加少量黑色画出

图 5-4-38 深红、赭石加水快速画出背景人物

图 5-4-39 对画面主体整体调整

图 5-4-40 处理背景，用橘黄加少量柠檬黄画出背景相框的颜色

图 5-4-41 用橘黄加少量柠檬黄画出背景叶子的颜色，相框与叶子交接处用橘黄加赭石画出

图 5-4-42 用针管笔勾线，完善细节

小贴士 ▶
一般在表现需要加深的颜色时，可以多次用色与色的逐层相加完成，相加色彩的次数，可以是三或四次，甚至更多。

图 5-4-43 完成效果（赵冬梅 绘）

第五节 彩色铅笔表现技法

此技法与素描相似，注重排线，无需调色，使用便捷。上色时，可让几种颜色结合，使之交互重叠，达到多层次的混合色效果。彩色铅笔不宜表现浓重的色彩，适合表现朦胧的色调和飘逸的面料，可与其他技法混合使用，如彩色铅笔与钢笔结合、彩色铅笔与水彩结合，从而使画面更为厚重典雅（图5-5-1～图5-5-22)。

图 5-5-1 用铅笔将人物和服装细致勾绘出来

图 5-5-2 使用浅黄色和橘黄色的彩色铅笔画出五官投影部分，眼睛和眉毛用黑色绘制

图 5-5-3 描绘头发的颜色，黑色彩铅给暗部上色，蓝色彩铅画头发反光颜色，黄褐色做过渡色

图 5-5-4 按皮毛走向选绿色彩铅上色

图 5-5-5 着色时注意层次，外套的暗部和亮部可采用不同深浅绿色彩铅深入刻画

图 5-5-6 暗部用黑色彩铅画出

图 5-5-7 使用绿色彩铅加深衣服的交界线，加强明暗对比

图 5-5-8 用黑色彩色铅笔对外套暗部整体加重，注意不要一次画得过重

小贴士 ▶

彩色铅笔使用时有三个方面要注意：着色力度；搭配用色；笔触统一。

图 5-5-9 详细刻画颈部皮肤和衣服交界处

图 5-5-10 先用褐色彩铅勾绘眼球，黑色彩铅画眼睛的暗部和眉毛，用红色彩铅给唇部上色

图 5-5-11 调整头部的整体色调，勾画唇线

图 5-5-12 用黑色彩铅加重头发的暗部

图 5-5-13 黄色彩铅勾绘手部关系，然后用黑色彩铅刻画手指交界部分

图 5-5-14 用橘黄调清水，把衣服的花纹部分铺上颜色，待干后用金色丙烯把受光处提亮

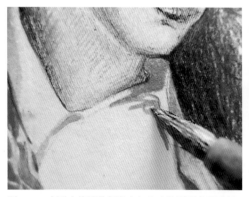

图 5-5-15 在刚才使用的颜色中加入少许深绿色画暗部

图 5-5-16 用金色丙烯对服装做整体调整

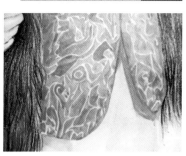

图 5-5-20 用土黄色水粉调和熟褐画出衣服投影，增强体积感

图 5-5-17 服装左侧的完成效果

图 5-5-21 调整五官局部细节

图 5-5-18 重复上面的步骤完成右侧服装

图 5-5-19 待整体颜色铺完后，处理外套和上衣衔接的边缘处，使其衔接自然，黄色彩铅刻画持花的手部，花朵用水粉朱红色调白画亮部，暗部用朱红加深红绘制

小贴士 ▶

纸张对彩色铅笔表达影响较大，可根据需要选择合适的纸张，在粗糙的纸张上使用彩铅会有一种粗犷豪爽的感觉，在光滑的纸上会产生一种细腻柔和之美。

图 5-5-22 完成效果 (蔺丽珍 绘)

小贴士 ▶

绘画时可根据实际情况，通过改变使用彩铅的力度来控制颜色，下笔重能得到深色，轻些下笔颜色会浅些，由此实现渐变效果，控制画面的虚实。

图 5-6-1 把纸装裱在画板上，干后用铅笔画出
人物姿态

第六节 单色表现技法

以某一颜色为主体，用水分和用色的多少控制画
面，以表现形体、结构、明暗、空间、质感为目的的一
种画法（图 5-6-1～图 5-6-21）。

图 5-6-2 黑色加大量清水调和后画脸部皮肤
颜色

图 5-6-3 用比皮肤稍重的颜色画头发，颜
色的深浅靠水分的多少来控制

图 5-6-4 头发暗部转折用同一色调的颜色概括
画出

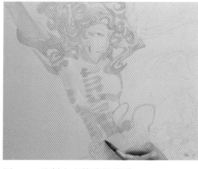

图 5-6-5 绘制上衣的暗部关系

图 5-6-8 衣服和鞋按黑白灰关系上色

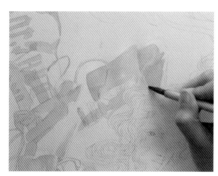

图 5-6-6 给腰部和腿部上第一遍颜色

图 5-6-7 与第 3 步相同的处理手法绘制下方
人物的头发

小贴士▶

单色作画时，第一遍颜色不要
过重，可分出几个色阶，逐层
深入。

127

图 5-6-9 整体上完第一遍色的效果

图 5-6-12 衣服转折处整体加重

图 5-6-15 快速行笔画出小臂部分颜色

图 5-6-18 加入少量湖蓝画出头发的装饰效果

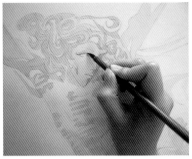

图 5-6-10 用黑色加少量水画出眼部细节

图 5-6-11 调出比眼部色调更重的灰色画头发的明暗交界部分的颜色

图 5-6-13 为下方的人物上第二遍色，先画五官和头发，然后绘制衣服

图 5-6-14 减少含水量，多调和些黑色，挑出头发的发丝感觉

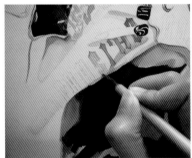

图 5-6-16 按布料的转折绘制衣服上的字母

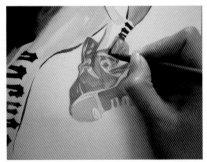

图 5-6-17 画出鞋的细节

图 5-6-19 玫瑰红画出头发和脸部的装饰效果

图 5-6-20 用水粉色中的朱红、中黄、青莲绘制手部

小贴士

将画面所需部分揉、折成皱，再上色作画，产生一种肌理效果，称为折皱法，常用于处理特殊的面料和背景肌理效果。

图 5-6-21 完成效果 (隋囡绘)

小贴士▶
单色的画面由亮部往暗部绘制，比较容易控制。

第六章 作品赏析 (图6-1～图6-28)

图6-1 作品名称：舞韵 （王民一绘）
　　　绘制工具：素描纸、铅笔、水粉、毛笔

图 6-2 作品名称：秋天的脚步（贺云 绘）
　　　绘制工具：白卡纸、水粉、毛笔、针管笔、彩色铅笔

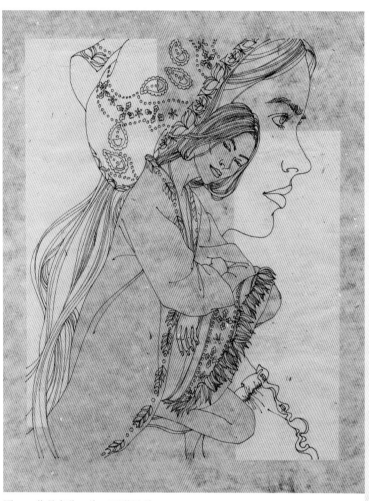

图 6-3 作品名称: 待 (刁世星 绘)
　　　 绘制工具: 有色纸、宣纸、钢笔、国画颜料

图 6-4 作品名称: 追梦 (于鑫 绘)
　　　 绘制工具: 白卡纸、铅笔、水粉、
　　　　　　　　 毛笔

图 6-5 作品名称：魅惑（尹铭 绘）
　　　　绘制工具：水粉纸、水粉、毛笔、针管笔

图 6-6 作品名称：双栖（侯妍峰 绘）
　　　　绘制工具：有色水粉纸、水粉、毛笔、铅笔、银色笔

图 6-7 作品名称：诗（陈爽绘）
　　　绘制工具：底纹纸、水粉、勾线笔、钢笔、水粉笔

图 6-8 作品名称：谜（徐子淇绘）
　　　绘制工具：素描纸、水粉、毛笔、牙刷

图 6-9 作品名称：思（侯妍峰 绘）
　　　绘制工具：素描纸、水彩、铅笔

图 6-10 作品名称：奈（陈佳阳 绘）
　　　绘制工具：水粉纸、水粉、毛笔、彩色铅笔

图 6-11 作品名称：流亡天使（李雪 绘）
　　　绘制工具：底纹纸、水粉、勾线笔、
　　　　　　　　指甲油、板刷、毛笔

图 6-12 作品名称：冷艳 （唐丹 绘）
　　　绘制工具：有色水粉纸、水粉、毛笔、牙刷

图 6-13 作品名称：飘（黄春岚绘）
　　　　绘制工具：底纹纸、水彩、铅笔、毛笔

图 6-14 作品名称：夜色蝶雨（张胜男 绘）

绘制工具：水粉纸、水粉

图 6-15 作品名称："非典"印象（宫德辉 绘）
　　　绘制工具：素描纸、黑色卡纸、毛笔、钢笔、彩色铅笔

图 6-16 作品名称：古风遗韵（张松鹤 绘）
　　　绘制工具：素描纸、水粉、彩色铅笔、银色笔

图 6-17 作品名称：时尚燃情（刁世星 绘）
　　绘制工具：有色水粉纸、水彩、毛笔、铅笔

图 6-18 作品名称：花非花雾非雾（关闯 绘）
　　绘制工具：有色水粉纸、水粉、毛笔、针管笔

图 6-19 作品名称：昔日记忆（刘晓彦 绘）
　　　　绘制工具：素描纸、底纹纸、彩色铅笔、打火机

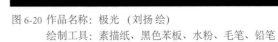

图 6-20 作品名称：极光（刘扬 绘）
　　　　绘制工具：素描纸、黑色苯板、水粉、毛笔、铅笔

图 6-21 作品名称：幻彩 （周启坤绘）
　　　　绘制工具：水粉纸、水粉、毛笔

图 6-22 作品名称：女人（王笑石 绘）
绘制工具：水粉纸、水粉、毛笔

图 6-23 作品名称：花旋之魅（朱金霞 绘）
绘制工具：素描纸、水粉、毛笔

图 6-24 作品名称：残 （宫德辉 绘）
　　　绘制工具：素描纸、黑卡纸、底纹纸、水粉、毛笔、马克笔、
中性笔

图 6-25 作品名称：Tea Time （苑少纯 绘）
　　　绘制工具：白卡纸、黑卡纸、布料、水粉、毛笔、
针管笔

图 6-26 作品名称：秋日新生（徐贺玲 绘）　绘制工具：水彩纸、水彩、毛笔、亮片、铅笔

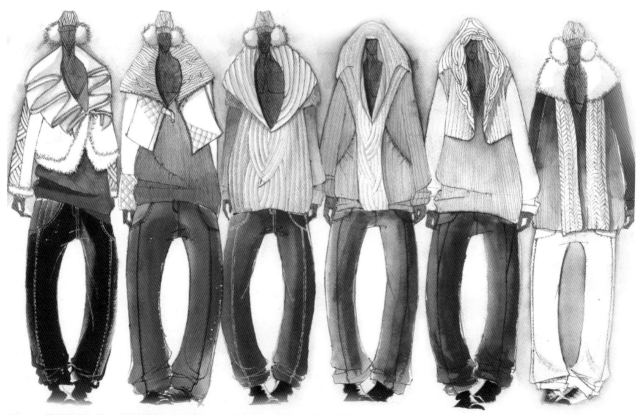

图 6-27 作品名称：随（孙泽薇 绘）　绘制工具：水粉纸、水粉、毛笔、针管笔

图 6-28 作品名称：韵味（赵冬梅绘） 绘制工具：水彩纸、毛笔、水彩、铅笔、针管笔

图 6-29 作品名称：叠韵（郭宏婷绘）　绘制工具：黑卡纸、复印纸、马克笔、针管笔

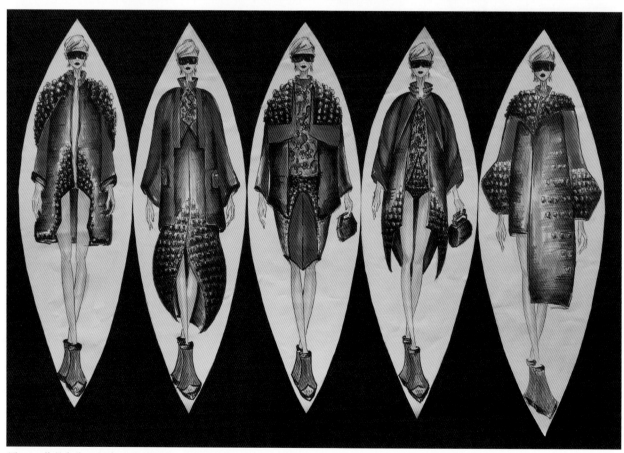

图 6-30 作品名称：倒流（孔羽西绘）　绘制工具：黑卡纸、复印纸、水粉、毛笔、马克笔、针管笔

图 6-31 作品名称：Danger （李一娇绘） 绘制工具：灰卡纸、复印纸、水粉、毛笔、马克笔、针管笔

图 6-32 作品名称：Chinoiserie （李一娇绘） 绘制工具：灰卡纸、复印纸、水粉、毛笔、马克笔、针管笔、中性笔

图 6-33 作品名称：自由空间（李一娇绘）　绘制工具：卡纸、复印纸、马克笔、针管笔、中性笔

图 6-34 作品名称：自定义（陆睿绘）　绘制工具：黑卡纸、复印纸、马克笔、针管笔

图 6-35 作品名称：Mosh（邵紫薇绘） 绘制工具：黑卡纸、复印纸、水粉、毛笔、马克笔、针管笔

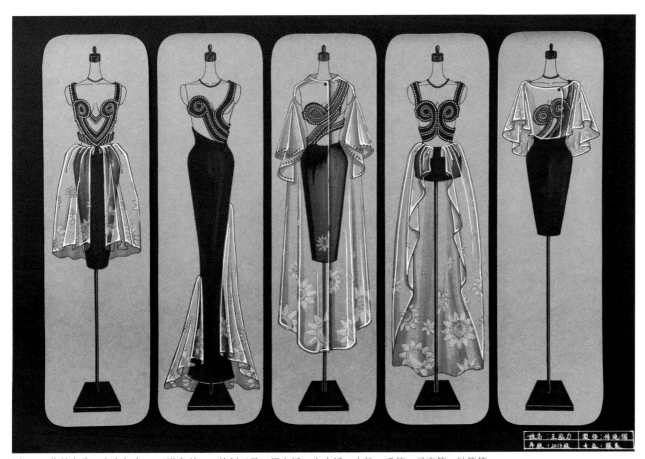

图 6-36 作品名称：变身都市（王泓力绘） 绘制工具：黑卡纸、牛皮纸、水粉、毛笔、马克笔、针管笔

图 6-37 作品名称：编织梦想（王泓力 绘）　绘制工具：水粉纸、牛皮纸、水粉、毛笔、马克笔、针管笔

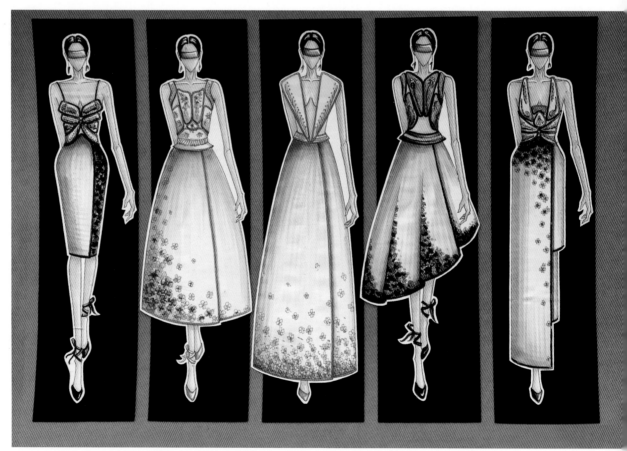

图 6-38 作品名称：尚（王泓力 绘）　绘制工具：黑卡纸、水粉纸、牛皮纸、水粉、毛笔、马克笔、针管笔

图 6-39 作品名称：夏花（王雪纯绘）　绘制工具：黑卡纸、素描纸、马克笔、针管笔

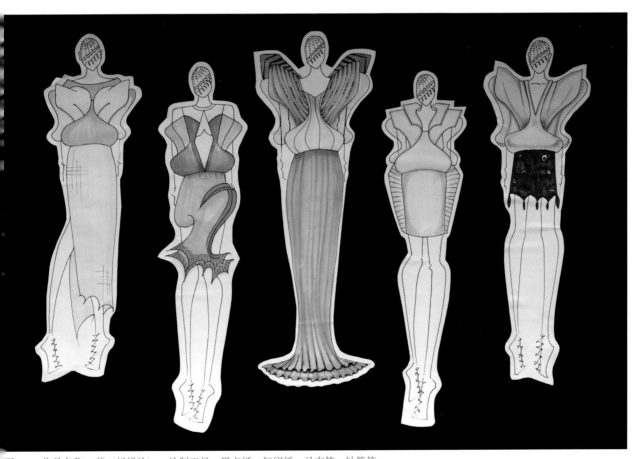

图 6-40 作品名称：律（杨帆绘）　绘制工具：黑卡纸、复印纸、马克笔、针管笔

图 6-41 作品名称：形"饰"主义（杨雪松绘）　绘制工具：灰卡纸、复印纸、布料、马克笔、针管笔、中性笔

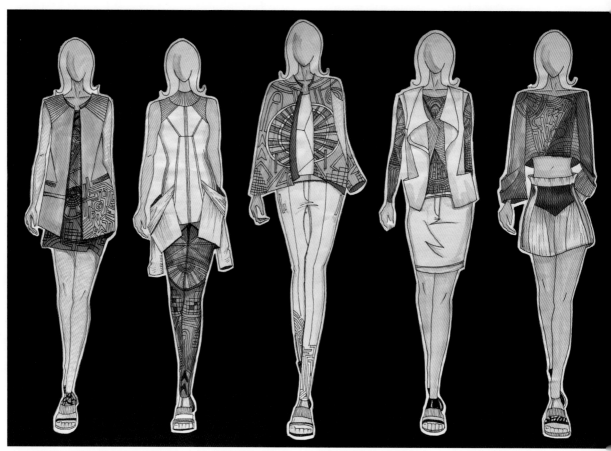

图 6-42 作品名称：休闲态度（张英豪绘）　绘制工具：黑卡纸、复印纸、马克笔、针管笔

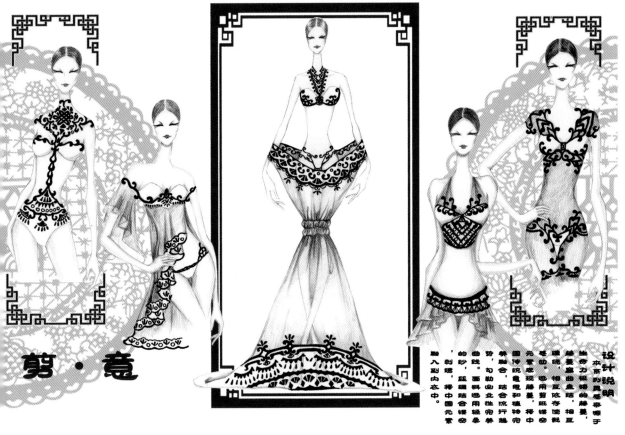

设计说明

本系列灵感来源于生命力极强的蒲葵。蒲葵盒盒结，相互依存使裁相互欢喜存使裁统。感用剪纸镂空的生动感。将中国传统镂空和植物传统镂空和植物元素，将中国元素勾勒曲线特点曲线。面料选用轻薄的纱，廷绸结合镂空的刺绣，将中国元素融入到内衣中。

6-43 作品名称：剪·意（靳伟绘）　绘制工具：素描纸、彩色铅笔、水粉、毛笔

桑弧蓬矢

本系类作品运用男性服装的分割特点来表现女装强烈的力量感，体现一种朝气蓬勃，焕发斗志的现代生活态度。灵感来自于20世纪一个社会变革的时代，受女权主义，工业化，战争的影响，女装开始脱离了传统的样式，开始趋于男装。女性逐渐摆脱思想的束缚和教条规矩的约束。

系列服装中表现硬朗的中性风格，追求现代社会男性与女性的自然平衡，一种和谐的现状。

此系列服装为硬朗的表现手法，与女性的人体美行成了对比统一，面料采用硬质帆布，色彩以深灰色为主，以铜色的钮扣，铜拉链，撞色线（橘红色）等元素作为整个系列的装饰元素作为整个系列的装饰元素，与服装形成呼应，展示女性在现代社会中独立、积极自信，能够引领都市潮流的一种新风尚。

6-44 作品名称：桑弧蓬矢（张兵兵绘）　绘制工具：彩色卡纸、彩色铅笔、水粉、毛笔、针管笔

鸣谢

Acknowledgement

本书在写作过程中得到了来自多方面的支持。

感谢东华大学出版社为本书出版提供的支持。

感谢东北师范大学服装系为本书出版提供的支持。

感谢昌利杯服装画大赛组委会为本书出版提供的支持。

感谢鲁迅美术学院服装系为本书出版提供的支持。

感谢王民一、贺云、于鑫、尹铭、陈爽、徐子淇、侯妍峰、陈佳阳、李雪、唐丹、黄春岚、张胜男、赵冬梅、宫德辉、张松鹤、刁世星、关闯、刘晓彦、刘扬、周启坤、王笑石、朱金霞、宫德辉、苑少纯、徐贺玲、孙泽薇、郭宏婷、孔羽西、李一娇、陆睿、邵紫薇、王泓力、王雪纯、杨帆、杨雪松、张英豪、靳伟、张兵兵等为本书提供了优秀的服装设计款式图、效果图和服装设计作品。